HISTORIA SECRETA DE LA CARRERA ESPACIAL

ROBERTO PINOTTI

HISTORIA SECRETA DE LA CARRERA ESPACIAL

CONSPIRACIONES, ENGAÑOS Y MISTERIOS SIN RESOLVER

Ediciones Luciérnaga

OCULTURA

BIBLIOTECA DIRIGIDA POR JAVIER SIERRA

Título original: *Controstoria dell'astronautica*
Primera edición en italiano a cargo de FCOIAA Edizioni, Spirano (BG)
www.fcoiaa.it.

Diseño de la cubierta: Planeta Arte & Diseño

Primera edición: septiembre de 2022

Ediciones Luciérnaga
Av. Diagonal 662-664
08034 Barcelona
www.planetadelibros.com

ISBN: 978-84-19164-16-2
Depósito legal: B. 5.571-2022

Impreso en España – *Printed in Spain*

El papel utilizado para la impresión de este libro está calificado como papel **ecológico** y procede de bosques gestionados de manera **sostenible**.

Associazione Culturale
FCOIAA
Free Circulation Of Information Archive Association

SUMARIO

Prefacio 11
Introducción. Escribir y reescribir la historia 15

Capítulo 1. Esa es otra historia 23
Capítulo 2. Los ignorados héroes del espacio de la Unión Soviética 43
Capítulo 3. Desaparecidos en la nada 75
Capítulo 4. Nombres olvidados 91
Capítulo 5. *Moon conspiracy*: de los engaños lunares de la NASA a la sombra de los alienígenas 113
Capítulo 6. De las bombas atómicas en el espacio a la Guerra de las Galaxias 157
Capítulo 7. El *Belpaese* en salsa espacial 175
Capítulo 8. Más allá de los límites humanos 199
Capítulo 9. Nuevos interrogantes sobre la NASA 205
Capítulo 10. El Black Knight en órbita terrestre 221
Capítulo 11. Entre la hipótesis y la realidad: NASA, militares, alienígenas, *hackers* y actividades espaciales no declaradas 229

Bibliografía 265
Índice onomástico 267
Sobre el autor 283

A Lidia, esposa y compañera generosa e inteligente que siempre me ha impulsado a ver más allá y más arriba

He escrito este libro en honor a la valentía de los héroes del espacio rusos y estadounidenses: desde los primeros astronautas soviéticos desconocidos, precursores de Gagarin, hasta los estadounidenses, de Virgil Grissom a Edgar Mitchell, así como a la memoria de los pioneros de la astronáutica —a quienes conocí— Hermann Oberth y Luigi Broglio, y a la honesta y subestimada labor de Achille y Giovanni Battista Judica-Cordiglia

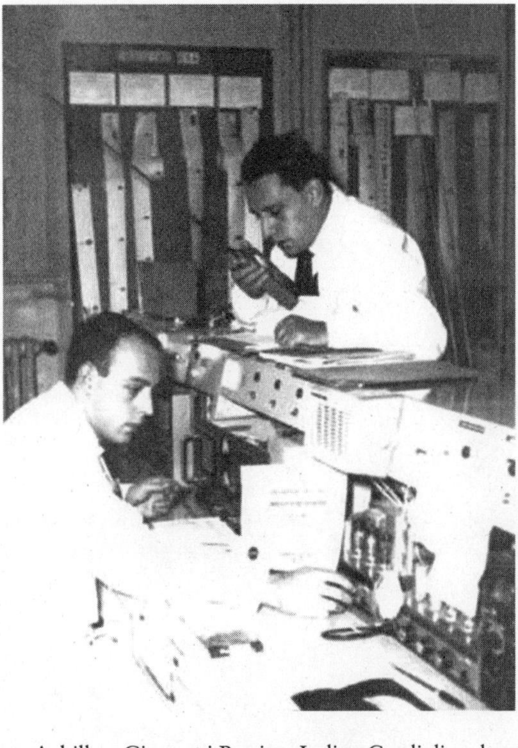

Los hermanos Achille y Giovanni Battista Judica-Cordiglia a la escucha en la Torre Bert en los años sesenta.

PREFACIO

Es algo sabido y probado desde hace tiempo que los primeros pasos del hombre en el espacio siguen rodeados de cierto halo de misterio. El día después de que el astronauta Yuri Gagarin regresara a la Tierra ya se discutía —con argumentos no tendenciosos— si el ruso había sido el primer hombre en navegar por lo que entonces los soviéticos llamaban los «caminos del cosmos».

En aquella época, yo era director de la publicación quincenal *Oltre il Cielo,* la primera revista italiana de divulgación astronáutica y una de las primeras del mundo. De los días que siguieron al 12 de abril de 1961, recuerdo, sobre todo, dos cosas: los reportajes «sensacionalistas» del periodista —francés solo de nacionalidad— Bobrovski y los artículos del *Daily Worker,* el periódico de los comunistas ingleses.

Bobrovski, enviado a Moscú tras anunciarse el vuelo de Gagarin, sugirió en un programa retransmitido por la radio francesa que muy probablemente un astronauta ruso había estado en el espacio antes que Gagarin. Sin lugar a dudas, se trataba del coronel de la aviación soviética Vladímir Iliushin, que resultó gravemente herido durante el regreso (por ello tuvo que repetirse el vuelo).

Como era de esperar, los soviéticos desmintieron la noticia, pero la desmintieron mal, y siguió una serie interminable de contradesmentidos y nuevos desmentidos a lo largo de los cuales la noticia fue levemente rectificada: Vladímir Iliushin (hijo, dicho sea de paso, del famoso diseñador de aviones Serguéi) no regresó herido, sino con graves problemas mentales.

Hago un inciso para señalar que el hecho de permanecer muchas horas dentro de una esfera metálica de poco más de dos metros de diámetro (pues, así era, en realidad, la denominada «astronave soviética») también provocó una especie de «ataque de claustrofobia» a la astronauta Valentina Tereshkova, la primera mujer de la historia en ir al espacio. De hecho, esta, tras el vuelo de febrero de 1962 en la cosmonave Vostok VI, nunca más volvió a ponerse en órbita.

Luego se curó y se casó con el astronauta Nikoláyev (de la Vostok II, 1961) y tuvieron una hija, hoy médica.

Tereshkova reapareció en los ambientes astronáuticos cuando fue a despedir a la tripulación espacial que salía del polígono de Baikonur para dirigirse a la estación espacial internacional. Formaba parte de dicha tripulación el astronauta y teniente coronel de la Aeronáutica Militar italiana Roberto Vettori.

El caso es que Tereshkova, que no era ninguna novata, sino una campeona de paracaidismo, pasó en la Vostok VI casi tres días que la desestabilizaron y le resultaron psíquicamente muy difíciles. ¿Por qué no pensar que pudo ocurrirle algo similar, incluso peor, a Vladímir Iliushin?

Lo cierto es que Roberto Pinotti efectuó un trabajo magistral al sacar a la luz los aspectos más oscuros de aquella extraña vivencia. Por si el caso Iliushin no era ya lo bastante complicado, solo faltó que el *Daily Worker* diera la noticia del lanzamiento de Gagarin dos días antes de que tuviera lugar.

Aquello se convirtió en algo surrealista. Las autoridades soviéticas desmintieron oficialmente la noticia. El *Daily Worker* respondió también oficialmente insistiendo en que el lanzamiento se había producido el 7 de abril de 1961, que el astronauta se llamaba Iliushin y que había sido hospitalizado al regresar.

Nuevo desmentido oficial, esta vez por parte de la agencia de noticias institucional Telegrafnoie Agenstvo Sovietskovo Soyuza (TASS, Agencia de Información Telegráfica de la Unión Soviética), ante el cual el *Daily Worker* habría podido rendirse, pero, en vez de eso, replicó que no podía aceptarlo, puesto que las noticias sobre el lanzamiento procedían de una fuente totalmente fiable.

En este libro encontrarán los detalles de tan grotesco caso.

En aquella época, las autoridades soviéticas tenían otra fuente de preocupación, pues deseaban ser libres para publicar a su antojo las noticias sobre las experiencias en el espacio, pero había un obstáculo: la estación de escucha que habían instalado en Piamonte los hermanos italianos Judica-Cordiglia, dos radioaficionados que habían logrado interceptar, grabar y difundir para los oyentes interesados los mensajes que los astronautas soviéticos en órbita intercambiaban con las estaciones terrestres. Ignoraríamos la existencia de muchos lanzamientos humanos o satelitales soviéticos de no ser por la obstinación de estos dos hermanos.

Llegados a este punto, quisiera hacer una observación a los que se disponen a leer esta historia de Pinotti, que parece más un *thriller* que un libro de divulgación científica: a principios de los años sesenta, quienes rebatíamos las declaraciones soviéticas éramos un puñado de aficionados. Me refiero a nosotros, los periodistas, y a todos los que desafiábamos los desmentidos, a menudo brutales, y las amenazas de no darnos más noticias ni fotografías, si insistíamos en poner en duda las verdades oficiales. Lo malo era que debía de existir un acuerdo al más alto nivel entre naciones interesadas e implicadas en la investigación espacial para apoyarse y cubrirse mutuamente. Debía de funcionar más o menos así: «Tú no revelas mis secretos y yo no divulgo los tuyos». ¿Cómo es posible que nosotros, los periodistas, simplemente leyendo ciertas revistas rusas, supiéramos muchas cosas sobre los experimentos espaciales soviéticos, y, en cambio, la CIA y el FBI siempre se cayeran del guindo?

Espero que este libro contribuya, por fin, a esclarecer los hechos y a sacar a flote la verdad.

CESARE FALESSI

EXPRESIDENTE Y PRESIDENTE HONORÍFICO
DE LA UNIONE GIORNALISTI AEROSPAZIALI ITALIANI

Introducción

ESCRIBIR Y REESCRIBIR LA HISTORIA

¿Y si la historia no hubiera sido así? A principios de los años treinta, un ensayista inglés, John Collins Squire, pidió a algunos de los mayores intelectuales de su tiempo (Hilaire Belloc, G. K. Chesterton, Winston Churchill, H. A. L. Fisher, Philip Guedalla, Ronald Knox, Emil Ludwig, André Maurois, Harold Nicolson, Charles Petrie, J. C. Squire, A. J. P. Taylor, George Trevelyan y Milton Waldman) que imaginaran qué habría ocurrido si los hechos, en una determinada situación histórica, hubieran tomado otra dirección. Y así creó una antología en la que historiadores, políticos, novelistas y escritores de éxito se plantearon interrogantes intelectualmente provocadores. ¿Qué habría ocurrido si los moros hubieran mantenido su dominio en España? ¿Y si don Juan de Austria se hubiera casado con María Estuardo? ¿Y si Luis XVI se hubiese mostrado más firme? ¿Y si la huida de Varennes hubiera dado los resultados deseados a la familia real francesa? ¿Y si Napoleón, tras Waterloo, se hubiese refugiado en Estados Unidos? ¿Y si el disparo de Booth no hubiera matado al presidente Lincoln? ¿Y si Federico, emperador de Alemania, no hubiese muerto de cáncer poco después de subir al trono? ¿Y si Lee hubiera ganado la batalla de Gettysburg?

A medio camino entre el ensayo y la narrativa, entre la seriedad y la ironía, el libro vio la luz con el título *If It Had Happened Otherwise [Si hubiera sucedido de otra manera]* en Gran Bretaña y en Estados Unidos, y constituyó un primer ejemplo de ensayo histórico *ucrónico* (del griego «no tiempo», es decir, hipotético).

Más recientemente, en 1999, el norteamericano Robert Cowley escribió *What if [Y si...]*, una inquietante ucronía que recorre una serie de «pasados posibles». Así, por ejemplo, en Salamina, en el año 480 a. C., la inmensa flota de Jerjes derrota a la helénica. Grecia se convierte en una satrapía del Imperio persa y el florecimiento cultural del siglo v queda reprimido antes de nacer. En 1241, los jefes de las hordas que llegaron frente al Adriático no tuvieron que regresar a Mongolia a elegir al sucesor del gran kan Ogodei, de modo que los mongoles invadieron y conquistaron Italia, Austria y Alemania. En 1521, mientras los conquistadores asedian Tenochtitlán, la actual Ciudad de México, un grupo de defensores aztecas captura a Hernán Cortés, que acaba inmolado en un altar. Entonces, la conquista española de las Américas se detiene y el poderoso Imperio de Moctezuma incorpora revolucionarias innovaciones procedentes de Europa, como la rueda, el caballo y las armas de fuego. En 1815, Napoleón triunfa en Waterloo y, sin el Congreso de Viena ni la Restauración, las calamidades de 1914 devastan Europa con noventa años de antelación. En 1941, en vez de invadir Rusia con la Operación Barbarroja, Hitler dirige sus ejércitos hacia Oriente Medio; así obtiene el petróleo que necesita, elimina a los ingleses y a los judíos de Palestina, y marcha hacia la India, donde sus ejércitos se unen a las fuerzas japonesas, y gana la Segunda Guerra Mundial sin implicar a Estados Unidos ni a la Unión Soviética.

Uno de los últimos ejemplos de literatura ucrónica se titula *Almost History [Casi historia]* y es un volumen que explora la historia del siglo xx partiendo de cómo unos hechos que jamás ocurrieron habrían modificado el curso de los acontecimientos mundiales. Ahora bien, no se trata de puras especulaciones. Roger Burns, director de los Archivos Nacionales estadounidenses, construye este libro a partir de una serie de documentos que varios líderes y personajes célebres dejaron escritos por si se hubiera dado el caso de que importantes hechos históricos no se hubiesen producido tal como fueron. Algunos ejemplos: el general Eisenhower llevaba en el bolsillo un mensaje en el que asumía la responsabilidad total del fracaso del desembarco de Normandía en 1944 por si los alemanes resistían la invasión aliada. El presidente de Estados Unidos Richard Nixon preparó un discurso en memoria de Neil Armstrong y Buzz Aldrin por si la misión del Apolo XI, la primera en llevar al hombre a la Luna, tenía un final trágico. En 1931, Winston Churchill escribió que se había librado «milagrosamente» de la muerte cuando lo atropelló un taxi en Nueva York, un hecho que habría modificado la historia de la Segunda Guerra Mundial.

> La comunicación que había recibido se refería a artículos o noticias que, por una razón u otra, se consideraba necesario modificar o, según la versión oficial, «rectificar». Por ejemplo, según el *Times* del 17 de marzo, el Gran Hermano en su discurso del día anterior había profetizado que el frente del sur de la India estaría tranquilo, mientras que una ofensiva de Eurasia caería en breve sobre el norte de África. Sin embargo, lo que ocurrió fue que el alto mando eurasiático descargó una ofensiva en el sur de la India y dejó en paz el norte de África, de modo que era necesario reescribir un párrafo del discurso del Gran Hermano para que profetizara exactamente lo que ocurrió de veras... Una vez que se reunían y comprobaban todas las correcciones necesarias para cada número del *Times,* dicho número se imprimía de nuevo, se destruía el ejemplar original y el ejemplar corregido se colocaba en su sitio en las colecciones. Este proceso de transformación continua no se aplicaba solo a los periódicos, sino también a los libros, las revistas, los folletos, los carteles, las circulares, las películas, las bandas sonoras, las ilustraciones, las viñetas humorísticas, las fotografías..., prácticamente a toda clase de material impreso o documental que pudiera tener un significado político o ideológico. Día a día, minuto a minuto, puede decirse que se actualizaba el pasado. Así, cualquier previsión del partido sería correcta, se podría demostrar con pruebas incontestables, y ningún tipo de documento contendría una noticia o una opinión contraria a las necesidades del momento. La historia era un palimpsesto borrado hasta no dejar ninguna huella de la escritura anterior, es decir, escrito de nuevo tantas veces como fuera necesario. Y, una vez realizada la operación, en ningún caso sería posible demostrar que se había producido una falsificación.

El pasaje pertenece a un título clásico de la literatura inglesa contemporánea, *1984*, de George Orwell, escrito a finales de los años cuarenta del pasado siglo. El libro, una joya de «ciencia ficción política», anticipa para finales del segundo milenio un mundo subdividido en tres superestados (Oceanía, Eurasia y Asia Oriental), caracterizados por una fórmula estatal autocrática y dictatorial, que vivirían en un permanente conflicto político y militar no exento de sorprendentes cambios de alianzas. El protagonista se mueve en un escenario alucinante y oprimente dominado por la omnipresencia del Gran Hermano, el dictador de Oceanía, entre lemas delirantes («La guerra es paz», «La libertad es esclavitud», «La ignorancia es fuerza») de un increíble Ministerio de la Verdad y reiterados «dos minutos de odio» contra los enemigos del momento. ¿Ciencia ficción?

Claro que no. El libro posee una evidente carga política; de hecho, es un acto de acusación contra la dictadura estalinista soviética de la posguerra, especialmente significativo por venir de un intelectual de izquierdas como Orwell. En realidad, *1984* es un anagrama de 1948, un año clave en el agravamiento del conflicto Este-Oeste.

Con el paso del tiempo, la mayoría empezó a considerar excesiva la ficción de la novela de Orwell, pues parecía que la Unión Soviética fuera dejando atrás ciertas situaciones presentadas en *1984*. Sin embargo, hoy que la Unión Soviética y el Imperio soviético han caído, un análisis retrospectivo viene a demostrar más bien lo contrario.

Por supuesto, la «manipulación» informativa «hacia atrás» descrita en la novela no se efectuó en los términos absolutos que utilizaba Orwell, pero, en la realidad comunista posestalinista, se produjeron con frecuencia calculadas deformaciones «retrospectivas» que causan perplejidad.

Praga, 30 de marzo de 1968. Ceremonia oficial en la plaza de Hradčany, frente a la catedral de San Vito. Allí están, uno al lado del otro, Josef Smrkovský, que pronto será presidente de la Asamblea Nacional, Alexander Dubček, secretario general del Partido Comunista checoslovaco, y Ludvík Svoboda, nombrado presidente de la República ese mismo día.

El 20 de agosto, las columnas acorazadas soviéticas cruzan las fronteras checoslovacas, junto a las del resto de los «países hermanos» del Pacto de Varsovia. Al amanecer del 21 de agosto, los paracaidistas soviéticos capturan a Dubček, Smrkovský y Cernik, y los deportan en avión a la Unión Soviética, a una prisión secreta, mientras detienen al anciano presidente Ludvík Svoboda y lo mantienen prisionero en Praga. Poco después, Svoboda negociará con los soviéticos la liberación de Dubček en lo que después se llamarán los Acuerdos de Moscú, a los que seguirá la denominada «normalización» de Checoslovaquia.

Y dicho proceso de normalización no se detiene en el presente. Deciden intervenir en el pasado para transmitir al futuro una imagen acorde a las nuevas directrices políticas de Moscú. Así, un año después de la invasión, en 1969, el «traidor» Alexander Dubček «desaparece» de la foto oficial de la ceremonia. Para eliminar su incómoda presencia, tienen que manipular la escena del encuentro y deslizan, como si se tratara de un decorado teatral, las dos partes de la imagen fotográfica: ahora la casa que se ve en el fondo tapa una parte de la fachada de la iglesia. Así, Dubček desaparece detrás de Svoboda, como en un pliegue secreto de la historia abierto a golpe de tijeras. Sin embargo, como la mentira tiene las patas muy cortas, los censores olvidaron muy inoportunamente la solitaria punta del zapato derecho del profeta del «socialismo de rostro humano» en el margen del corte central.

En Rusia, la técnica de borrar a los indeseados de las fotos oficiales del régimen se remonta a Lenin y a Stalin. Tras el enfrentamiento con Trotski, las imágenes en las que este aparecía con Lenin durante los discursos públicos se retocan y Lev Trotski desaparece de la historia soviética.

Veamos el caso de China, la única potencia comunista del mundo tras la caída de la Unión Soviética. Una potencia que no reniega del pasado y cuyas manipulaciones históricas no se limitan, como en el citado ejemplo checoslovaco, a la simple eliminación de personajes o elementos indeseados. Aquí también se producen añadidos, se crean y documentan episodios que jamás ocurrieron, emergen y ocupan un espacio en la iconografía del pasado nuevas personalidades.

En China, una célebre tela de Dong Xiwen conservada en el Museo de la Revolución de Pekín muestra en todo su esplendor la ceremonia de fundación de la República Popular China. A Mao, el Gran Timonel, lo vemos de pie, casi en el centro del gran cuadro. Y tras él se alinean los máximos dirigentes del partido: Zhou Enlai, Zhu De y otros, como Liu Shaoqi y Soong Chingling, que tal vez estuvieron presentes en la ceremonia, pero que no aparecen en las fotos de prensa de la época.

Llegamos a 1968. Liu Shaoqi fue expulsado del Partido Comunista y, por tanto, su memoria histórica resultaba incómoda. Por eso su imagen desapareció de inmediato de todas las publicaciones, incluidas las reproducciones del cuadro de Dong Xiwen.

Pasemos ahora a julio de 1981. Para celebrar el sexagésimo octavo aniversario de la fundación del Partido Comunista chino, rehabilitan a Liu Shaoqi y su imagen reaparece junto a la de Mao en las fotos históricas. De pronto, volvemos a verlos en las reproducciones del cuadro de Dong Xiwen, que, de este modo, con el nuevo curso de los acontecimientos, vuelven a ser fieles a la obra original.

Y esta no es la única manipulación que sufre la famosa tela. En el extremo derecho del grupo ha aparecido un nuevo personaje: es Hua Guofeng, el sucesor de Mao. Es una alteración histórica bastante grotesca. En 1949, fecha en que se proclamó la República Popular, Hua Guofeng solo tenía veintiocho años y es seguro que no estuvo presente en la ceremonia, pero el hecho de incluirlo entre los padres fundadores de la nueva China le permite entrar a formar parte de la leyenda.

Por último, recordemos que China persistió hasta la muerte de Mao en un proceso de «revisión retrospectiva» de su historia. En este sentido, es sintomática la foto (anterior a la guerra) que muestra al «padre de la patria» Mao durante la histórica Larga Marcha. En la imagen original, vemos a su mujer, destinada a ser la principal animadora de la conocida Banda de los Cuatro. Había que eliminar esa «sombra», por muy conyugal que fuera, del pasado de Mao, de modo que, en la iconografía actual, dicha foto ha sido retocada para que las jóvenes generaciones no vean a la esposa de Mao. Así pues, las técnicas que describía Orwell siguen poniéndose en práctica hoy en día.

Y en Cuba no fue distinto.

En 1968, un «compañero de armas» de Fidel Castro, Carlos Franqui, expresó abiertamente su disentimiento con respecto a la intervención militar de los países del Pacto de Varsovia en Checoslovaquia. Por esta razón, el «líder máximo» de la nueva Cuba, que estaba de parte de Moscú, hizo que lo borraran sistemáticamente de todas las fotografías donde aparecían juntos.

Por su parte, Mussolini y Hitler no se quedaron atrás. En 1942, el italiano hizo que eliminaran de su famosa foto ecuestre, tomada en Libia mientras blandía la «espada del islam» contra el colonialismo británico en el norte de África, al mozo de cuadra que sujetaba el bocado de su caballo. En 1937, Hitler mandó borrar la imagen de Goebbels de una foto de grupo con él en la que se veía a una actriz con quien el jerarca nazi mantenía una relación clandestina.

¿Y hoy? Ahora, con la fotografía digital, se puede hacer casi todo.

Y, sin embargo...

Quedan lejos los tiempos en que Mussolini y Hitler, por un lado, y Stalin y Mao por otro, crearon escuela sobre el tema.

Capítulo 1

ESA ES OTRA HISTORIA

Es 12 de abril de 1961. Son las nueve de la mañana en Moscú. En el polígono de misiles de Tyuratam (que los rusos rebautizaron Baikonur), en la región del lago de Aral, tiene lugar una actividad frenética en torno a la rampa de lanzamiento de un cohete propulsor A1. De pronto, una voz pronuncia despacio y con emoción la cuenta atrás: *«Siem (7)... shest (6)... piat (5)... chetire (4)... tri (3)... dva (2)... odin (1)... nul (0)!»*.

A las 09:07 horas, el cohete soviético se eleva majestuoso y firme en el cielo de Asia central. Más tarde, ese mismo día, Radio Moscú reclama la atención de sus oyentes con la fórmula ritual que anuncia las comunicaciones importantes. *«Govorit Moskvá, govorit Moskvá»* («Al habla Moscú»).

A las diez, los altavoces de las calles y de los grandes almacenes de Moscú difunden la voz de Yuri Levitán, el locutor oficial de las grandes ocasiones, muy popular por haber anunciado el victorioso fin de la Segunda Guerra Mundial contra la Alemania nazi. *«Vnimánie! Vnimánie!»*, repetía la voz solemne y enfática: «¡Atención! ¡Atención! La Unión Soviética ha lanzado la primera nave espacial del mundo con un hombre a bordo, la Vostok, en órbita alrededor de la Tierra. El astronauta que pilota la nave es el ciudadano de la Unión Soviética Yuri Alekséievich Gagarin, mayor de aviación». Tras ese primer comunicado oficial, que la multitud recibió con gran alborozo, siguieron otros a lo largo de la mañana con más detalles sobre el extraordinario acontecimiento. Según los datos oficiales, el lanzamiento se produjo a las 09:07 (hora local) desde la base de Baikonur; el vuelo duró ciento ocho minutos y alcanzó una altitud máxima de 326,7 kilómetros. Tras recorrer una órbita completa alrededor de la Tierra, la Vostok tomó tierra, con Gagarin en su interior (se dijo), a las 10:55 horas, cerca de la localidad de Smelovaka, tras recorrer 40.877 kilómetros en total.

Eso fue lo que escribieron los periódicos y lo que encontrarán en los libros. Gagarin, el «primer hombre que pisó el espacio», abrió los «caminos del cosmos» a la humanidad. Y hoy los astronautas no son los únicos que entran en órbita. En un contexto social y estatal como el ruso, totalmente devaluado tras la caída del comunismo soviético, ahora Moscú busca fondos y ofrece vuelos de pago por el cosmos. El primero lo realizó en 2001 el millonario norteamericano Dennis Tito, luego el magnate sudafricano de internet Mark Shuttleworth. Y seguirán otros, empezando por el director hollywoodiense James Cameron.

Pero ¿sucedió todo tal como nos lo contaron?

En absoluto.

Hubo que esperar treinta y cinco años para que se hiciera público el informe secreto que Gagarin escribió para Jrushchov. Gracias a ese documento, sabemos que la misión sufrió varios contratiempos, algunos de ellos tan serios que habrían podido tener consecuencias trágicas.

Gagarin perdió el lápiz poco después de salir, de modo que, a diferencia de lo que afirmó en numerosas entrevistas, no pudo tomar apuntes. Las comunicaciones por radio sufrieron largos periodos de silencio durante los cuales Gagarin estaba aislado por completo del mundo. La Vostok alcanzó una órbita más alta de la que se declaró oficialmente: Gagarin llegó a los trescientos setenta kilómetros de altitud, lo cual aterrorizó al equipo técnico que seguía el vuelo desde tierra. Y es que, si el protocolo de regreso se hubiera alejado, aunque fuera mínimamente de lo previsto, Gagarin habría aterrizado al cabo de cincuenta días; mejor dicho, habría tomado tierra su cadáver, porque la Vostok tenía oxígeno y provisiones solo para diez días. El sistema de frenado de los cohetes funcionó bien, pero la nave empezó a rotar sobre sí misma, como en un remolino, y durante varios minutos el astronauta perdió la noción de adónde se dirigía y de cuál era su posición con respecto a la superficie terrestre. La cápsula no se separó del todo, el habitáculo de Gagarin seguía unido al resto de la Vostok. Por suerte, la fricción con la atmósfera desintegró los cables de conexión con el módulo de instrumentos y la cápsula esférica donde estaba el astronauta se liberó de un peso muy peligroso. En contra de lo que declaró, Gagarin no aterrizó dentro de la nave. A siete mil metros de altura, fue propulsado y bajó en paracaídas. Y hubo problemas desde el principio: solo se abrió un paracaídas, el de reserva, y se desplegó solo en parte y gracias a una ráfaga de viento.

Aquel vuelo de ciento ocho minutos convirtió a Gagarin en un héroe al que rindieron honores excepcionales en todo el mundo. Sin embargo, también cayeron sombras oscuras sobre el Colón de los espacios (como lo bautizaron ingenuamente), y se dijo que tenía el vicio, típicamente ruso, de beber. Y que el 27 de marzo de 1968, el MiG-15 que pilotaba se estrelló en el suelo porque Gagarin estaba borracho.

Según otros rumores, también sin comprobar, en realidad, el astronauta murió en 1989 en un hospital psiquiátrico donde lo habían encerrado después de que le echara una copa de champán en la cara a Brézhnev durante una ceremonia oficial en el Kremlin.

Otra versión (y tal vez estemos ante una leyenda) afirma que el accidente de vuelo que costó la vida a Gagarin fue un sabotaje: Gagarin tenía que desaparecer porque se había manifestado con dureza en contra de la corrupción y el vil nepotismo del régimen de Brézhnev.

Los primeros años de la astronáutica son de los más misteriosos del siglo XX. El secretismo fue una constante en los experimentos, cuyo componente militar quedaba minimizado en un clima artificioso de pionerismo científico. Incluso en Estados Unidos, país que se presentaba como paladín de la libertad de información, el espacio se llenó de satélites secretos. Para el régimen soviético resultó más fácil trabajar sin rendir cuentas ante el público. Muchos lanzamientos espaciales de la Unión Soviética nunca se declararon oficialmente, y solo se tienen escasas noticias de ellos a través de los servicios de espionaje estadounidenses. En junio de 1963, la NASA divulgó un documento basado en observaciones del mando del North American Aerospace Defense Command (NORAD, el sistema de defensa aérea del continente norteamericano) en el que se mencionaban algunos fracasos espaciales que la Unión Soviética nunca había admitido.

Una nave espacial lanzada en órbita el 25 de octubre de 1962 explotó y se rompió en veinticuatro fragmentos metálicos que empezaron a orbitar en torno a la Tierra. El primer fragmento se desintegró por fricción en la atmósfera el 29 de octubre. Los últimos fragmentos siguieron gravitando alrededor de la Tierra hasta el 26 de febrero de 1963. El 12 de septiembre de 1962 (una vez más, según fuentes estadounidenses), los rusos lanzaron un satélite PHI 1-7 que no cayó en tierra hasta cinco días más tarde. Una nave espacial BXL 1-5 fue lanzada el 4 de noviembre de 1962 y se desintegró en una fecha comprendida entre el 5 de noviembre y el 19 de enero de 1963. El 4 de enero de 1963, desde una base de misiles soviética, se lanzaron tres satélites artificiales; el primero solo se mantuvo en órbita pocas horas, y los otros dos, hasta el 11 de enero de 1963. Estos episodios nunca formarán parte de la historia «oficial» de la astronáutica, porque oficialmente jamás han existido. Forman parte de «otra historia», una historia *secreta* menos conocida, aunque no por ello menos real.

Del mismo modo, nunca han sucedido determinados hechos que, sin embargo, aparecen cada vez con mayor frecuencia en la crónica actual.

Como publicó el *Corriere della Sera* el 13 de enero de 2000, la Unión Soviética debió de utilizar cadáveres para preparar la primera misión en el espacio de Yuri Gagarin y para probar las cápsulas de aterrizaje.

Según el periódico *Trud,* durante las prácticas que en 1961 llevaron a los soviéticos a ganar el reto espacial con Estados Unidos, su utilización fue necesaria para probar las primeras cápsulas, que caían a velocidad muy elevada.

Y eso no es todo. El 21 de septiembre de 2002 se publica la noticia de que ha muerto asfixiado por una fuga de monóxido de carbono Guerman Titov, de sesenta y cinco años, protagonista del segundo vuelo humano en órbita tras la experiencia de Gagarin. Encontraron el cuerpo en su sauna. Algunos vinculan su muerte a la de Gagarin, pues suponen que, en un momento en que se estaban filtrando tantas indiscreciones indeseadas acerca de los trapos sucios del programa espacial de Moscú, alguien quiso cerrarle la boca a un testigo incómodo que, sin duda, sabía demasiado. Pero ¿sobre qué?

Para responder, quizá sea oportuno citar a Fidel Castro, jefe del único Estado comunista del hemisferio occidental, Cuba, durante el homenaje que se tributó en La Habana al primer astronauta cubano, Arnaldo Tamayo Méndez, quien había volado —como «astronauta invitado», que quede claro— a bordo de la nave soviética Soyuz 38. En aquella época, la Unión Soviética había ideado un plan propagandístico torpe, pero efectivo, para mostrarse ante el mundo como promotor y paladín del «internacionalismo proletario», también a nivel científico y astronáutico, y las naves de la serie Soyuz empezaron a llevar a bordo, uno tras otro, a búlgaros, polacos, húngaros, mongoles, etcétera. En realidad, todas las llamadas *democracias populares* de Europa, Asia y América proporcionaron pasajeros para este grotesco *show* político-espacial. Y Cuba no fue una excepción. Pues bien, durante las celebraciones en honor de Tamayo Méndez, el locuaz líder máximo recordó en un discurso improvisado para la ocasión su visita personal a la Unión Soviética y a Zvezdny Gorodok, la exclusiva «Ciudad de las Estrellas» donde viven y entrenan los cosmonautas y los técnicos espaciales rusos. Y subrayó su emoción al entrar en el edificio museo de Gagarin, donde todo se había dejado religiosamente igual que cuando Yuri salió de allí para emprender el vuelo del que nunca regresaría. También describió de un modo sugestivo la llamada Sala de los Mártires, cuyo acceso estaba muy controlado, con las paredes llenas de fotografías de quienes habían muerto en las misiones espaciales soviéticas. «Muchos fueron los hombres que a comienzos de la era espacial sacrificaron sus vidas», dijo oficialmente Castro.

¿Muchos? En los programas espaciales de la Unión Soviética solo constan cuatro, y es totalmente impensable que Castro aludiera también a los muertos estadounidenses. ¿Cómo se explica? Un jefe de Estado no puede incurrir en semejante error. Y huelga decir que, de ser así, los números no cuadrarían. Es más, si Castro estaba en lo cierto y el mundo ignoraba e ignora la verdad, es impensable que Gagarin y Titov no supieran nada de tales accidentes, tanto si sucedieron antes como después de sus históricos lanzamientos.

Sin embargo, es muy posible que permaneciesen en silencio y que, como militares que eran, guardaran el secreto. Y luego, con el paso del tiempo, unos testigos cada vez más incómodos podían llegar a considerarse peligrosos. Siguiendo con esta hipótesis, Gagarin, como hemos visto, podía serlo. Y Titov, indecorosamente olvidado en su país, también podía haberse convertido en un peligro.

Además, para guardar un secreto de Estado y el honor de la patria rusa, el KGB y la inteligencia de Moscú nunca han dudado en cumplir con su deber.

Tal vez en el pasado, dirán algunos. Y objetarán que hoy, sin que un ferviente comunismo dicte la ley, la nueva Rusia podría y debería hablar.

Pues sí. Solo que Putin proviene del KGB, como todo el mundo sabe, y, desde luego, no será el primero en hablar.

Pese a ello, el «telón del silencio» que siguió al Telón de Acero está empezando a resquebrajarse.

El 29 de octubre de 2002, el *Corriere della Sera* dio una noticia que acabó con un mito y conmovió a los animalistas. El periódico publicó las declaraciones de Dimitri Malashenkov, del Instituto de Problemas Biomédicos de Moscú. El científico aseguraba que, contrariamente a lo que se dijo en su época, la perra Laika, el primer animal lanzado en órbita (a bordo del Sputnik II ruso el 3 de noviembre de 1957), no sobrevivió una semana. En realidad, murió a las pocas horas del lanzamiento, pero la propaganda soviética explotó el acontecimiento a su conveniencia.

¿Una mentira espacial? Exacto.

¿Y cuántas más nos han contado?

En las páginas siguientes, veremos algunos ejemplos de la gran cantidad de falsificaciones históricas y fotográficas que se realizaron para «modificar» y adaptar el pasado.

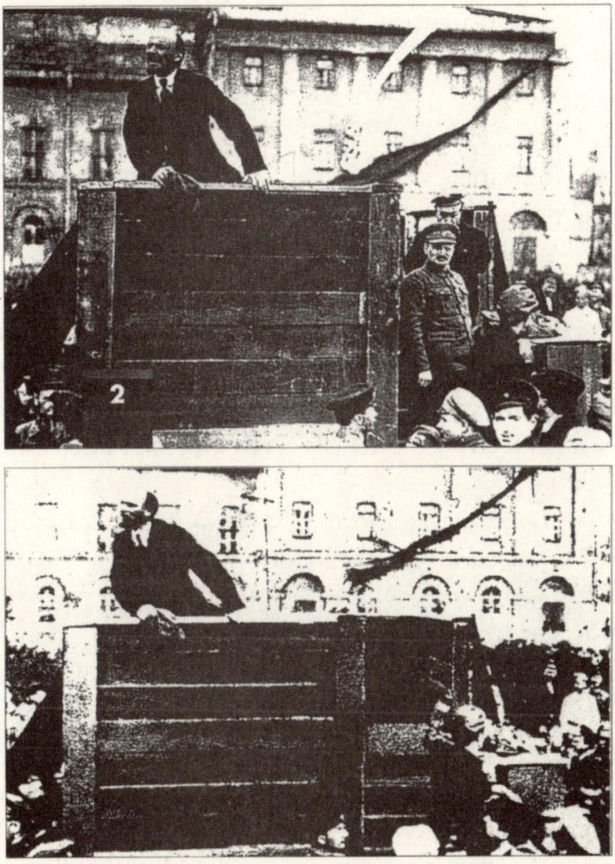

Un célebre caso de manipulación de la información con vistas a «reescribir» la historia. Lenin arenga a las masas. En la foto superior vemos a Lev Trotski a la derecha del escenario. Cuando Stalin lo declare un renegado de la causa comunista, el KGB censurará su imagen (foto inferior).

En esta foto y las siguientes vemos otros casos de manipulación «retroactiva». Aquí, arriba, Dubček, Smrkovský y Svoboda en una ceremonia oficial en Praga en marzo de 1968. Abajo, la misma foto retocada para eliminar a Dubček; es la imagen que difundió la agencia CTK a partir del otoño de 1969. Los censores olvidaron eliminar el pie de Dubček.

Arriba, la foto de Mao durante la histórica Larga Marcha; en segundo plano vemos a su mujer. Abajo, la misma foto con la imagen de la mujer, exponente de la Banda de los Cuatro, eliminada.

Dong Wiwen, *La fundación de la República Popular China,* óleo sobre tela, *ca.* 1959 (Pekín, Museo de la Revolución). En la foto central, el cuadro después de 1968: Liu Shaoqi ha sido sustituido por otro personaje. En la foto inferior, el mismo cuadro después de 1981: Liu Shaoqi ha reaparecido y, en el extremo derecho del grupo de dignatarios, se ha añadido a Hua Guofeng.

En 1968, el activista político, escritor, poeta y periodista cubano Carlos Franqui, amigo de Castro, se opuso a la intervención militar soviética en Checoslovaquia. Por este motivo, el revolucionario cubano lo eliminó de las fotografías en las que aparecían juntos. Arriba, la foto retocada; abajo, la original.

Aquí vemos cómo borraron a Nikolái Yezhov, víctima de una de las denominadas «purgas» estalinistas, que afectaron incluso a amigos y a estrechos colaboradores del dictador dentro del Partido Comunista soviético. En la foto, de izquierda a derecha, Voroshilov, Molotov y Stalin con Nikolái Yezhov (borrado).

En 1936. Otro dictador que empleó la técnica de la reescritura del pasado fue Mao Zedong (a la derecha en las fotos), que gobernó la República Popular China como presidente del Partido Comunista de 1943 a 1976. No era infrecuente que, de pronto, determinadas personas resultaran no gratas para el Gran Timonel. En esta foto, vemos que borraron al camarada Po Ku (a la izquierda y con gafas en la foto de la derecha). Con esta técnica recurrente, el líder comunista condenó a muchas personas a la *damnatio memoriae*. Se calcula que entre 1959 y 1962, a causa de la política del Gran Salto Adelante, murieron entre 13 y 46 millones de chinos.

En 1937, Hitler dio orden de borrar a Joseph Goebbels de esta foto. Probablemente, el motivo es que Goebbels mantenía una relación clandestina con una célebre actriz, y Hitler, tal vez por celos o porque el hecho le disgustaba, decidió borrar a su fiel ministro de Propaganda.

Benito Mussolini posa con aire intrépido en este retrato ecuestre de 1942, en el que eliminaron al mozo de cuadra que sujeta el caballo (foto superior). Abajo, la foto original.

En 2010. El periódico *Al-Ahram,* próximo al Gobierno egipcio, publicó la foto superior, en la que el presidente egipcio Mubarak anda junto a los *premiers* de Israel, Estados Unidos, Palestina y Jordania. En realidad (foto inferior), Mubarak caminaba a la derecha y algo rezagado respecto al resto de los jefes de Estado. Según el redactor jefe del periódico, Osama Saraya, la fotografía retocada «expresa de un modo breve, vivo y verdadero la posición de primer plano que ocupa el presidente Mubarak en la cuestión palestina y muestra su papel clave al liderarla antes que Washington o que cualquier otro líder».

En 2011. El periódico jasídico ultraortodoxo *Der Zeitung* publicó una foto del presidente Obama y su equipo de seguridad nacional en la *situation room* (la sala de emergencias) de la Casa Blanca. La foto se tomó mientras el grupo veía el ataque contra las instalaciones de Osama bin Laden en Pakistán. En la foto publicada, borraron a la secretaria de Estado, Hillary Clinton, y a la directora de Antiterrorismo, Audrey Tomason. En respuesta a las críticas, el periódico respondió: «De acuerdo con nuestras creencias religiosas, no publicamos fotos de mujeres, lo cual de ningún modo las relega a un estatus inferior. Publicar un periódico es una gran responsabilidad y el Consejo Rabínico guía nuestra política. A causa de las leyes del pudor, no nos permiten publicar imágenes de mujeres, y sentimos que esto pueda dar una impresión denigrante a las mujeres, cosa que no era, en absoluto, nuestra intención. Pedimos disculpas si el hecho se ha percibido como algo ofensivo».

En 2008. El periódico de Taiwán *Liberty Times* publicó una foto retocada de una delegación, capitaneada por el presidente de la Colección Franz, a la que recibió el papa. En la foto original, borraron a Wang Shaw-lan, directora de un periódico que le hacía la competencia, el *United Daily News*. Un periodista dijo que había eliminado a Wang porque «su presencia no era esencial» y con el fin de reducir la imagen para «visualizarla mejor». Más tarde, el *Liberty Times* dijo que la imagen retocada procedía de la Colección Franz, pero un portavoz de esta declaró que el periódico había pedido modificar la foto con un aerógrafo para borrar a Wang.

En 2015. En un anuncio de televisión contra el pacto nuclear con Irán, publicaron esta foto. Patrocinaba el vídeo el movimiento transversal Restoration PAC, cuyo objetivo es restituir el poder de Estados Unidos, enfrentado inicialmente a Obama, y luego, en 2016 a Hillary Clinton. El anuncio daba una serie de detalles espantosos y mostraba la implicación de Irán en el terrorismo mundial asociándola con la imagen de Estados Unidos, ya que el presidente Obama le da la mano al presidente iraní, Hasán Rohaní. Sin embargo, aún no se había producido ningún encuentro entre ambos líderes, de modo que la foto resultaba inmediatamente sospechosa. BuzzFeed News descubrió que probablemente la imagen original era una foto del encuentro en 2011 entre Obama y el primer ministro indio Manmohan Singh. Tras la polémica surgida, Restoration PAC modificó el anuncio e incluyó dos fotos separadas de Obama y Rohaní, una al lado de la otra.

Capítulo 2

LOS IGNORADOS HÉROES DEL ESPACIO DE LA UNIÓN SOVIÉTICA

En 2013, Achille y Giovanni Battista Judica-Cordiglia tenían setenta y ocho y setenta y dos años, respectivamente.

«En la cápsula Géminis se está cómodo», contaron los dos hermanos al periodista italiano Silvano Villani de *La Domenica del Corriere* en 1968. Este escribió:

> «Es estrecha, hay que estar pegado al asiento. Nosotros acabamos hechos un ovillo». Ellos estuvieron dentro media hora hace unos meses, mientras aún la estaban terminando. La cápsula se hizo para los cosmonautas Young y Grissom, de estatura normal, mientras que los dos hermanos pesan unos noventa kilos cada uno. Achille, de treinta y dos años, mide un metro ochenta y dos. Gian [Giovanni] Battista, de veintiséis, un metro ochenta y uno. En cambio, en las cápsulas soviéticas los cosmonautas tienen incluso un poco de espacio para pasear. Los hemos oído decir decenas de veces que se

estaban moviendo por la cápsula mientras captábamos sus voces desde nuestro centro de escucha espacial.

Los Judica-Cordiglia no entraron nunca en las cápsulas soviéticas. Sin embargo, en el Centro Espacial Kennedy, los estadounidenses los invitaron, pues sentían curiosidad por conocer a los famosos turineses que llevaban siete años recogiendo «bip, bip», voces e incluso imágenes del espacio, como si fueran pescadores cogiendo peces del mar. Más que nada, los norteamericanos deseaban comprobar si iban en serio o si jugaban a hacer ciencia ficción, de modo que los sometieron a unos test que duraron tres días.

«¿En qué frecuencias transmiten las naves espaciales soviéticas? ¿Y las bases? ¿Dónde se encuentran presumiblemente las bases de lanzamiento? ¿Y sus estaciones de escucha?» Los hermanos explicaban, daban cifras, y los técnicos de la NASA comprobaban las suyas propias y luego decían *correct,* es exacto. Dijeron *correct* durante tres días, y al final los felicitaron, los llevaron al Centro Espacial Kennedy y los invitaron a entrar en la Géminis, que por entonces se estaba construyendo. A Achille, el mayor, no le entusiasmaba la idea, porque tiene vértigo; llegar a la cápsula significaba subir en un ascensor sin puertas más alto que el Empire State Building, pero ¿cómo iba a negarse?

Según comenta Villani, la experiencia fue extraordinaria: en cuanto entraron, notaron que pesaban la mitad, poco más de cuarenta kilos cada uno. Se sentían como pajarillos volando.

Achille le dio un golpecito a Giovanni Battista, conocido familiarmente como Dido, y Dido acabó contra la pared, como si le hubiera pegado el campeón de boxeo Mazzinghi. Se divirtieron un rato, pero luego se acordaron de los pobres que se encerrarían allí dentro para alejarse de la Tierra mientras ellos escuchaban sus voces desde la Torre Bert, en Turín, junto a sus esposas, su hermana y sus padres, y les pareció menos entretenido. A veces, las voces que llegaban desde el espacio a la Torre Bert eran angustiosas, inquietas. Algunas incluso eran gritos desesperados y escalofriantes.

Tras la visita a la Géminis, y antes de mandarlos de vuelta a Italia, los estadounidenses les preguntaron un par de cosas más. La primera era esta: «¿Cómo captasteis la voz de Glenn? No comunicamos la frecuencia, no podíais saber cuál era».

«Miramos una fotografía de la cápsula de prueba que acabábamos de conseguir. La cápsula aún tenía las antenas desplegadas y cerca había un tipo. Nos ayudó nuestro padre, que es profesor de Medicina Legal y reconstruyó las medidas de la cabeza del hombre. Sumamos cabezas hasta tener la medida de las antenas. Así establecimos la frecuencia y la usamos cuando Glenn salió.»

Las cintas con las grabaciones de la voz de Glenn, que llevaron a Estados Unidos, coincidían con las grabaciones no divulgadas de la NASA. Era una prueba definitiva. La última pregunta fue más incómoda.

«Vuestro trabajo es serio, ¿cómo es posible que vuestro Gobierno no os ayude?»

«Bah —dijeron los Judica-Cordiglia, pues no querían arremeter contra los funcionarios del Estado italiano y manchar su reputación delante de los extranjeros—. Bah.»

En realidad, los estadounidenses habían entendido muy bien la situación. En los años sesenta, los del *boom,* Italia era políticamente incapaz de comprender el peso y la importancia técnica de las investigaciones aeroespaciales, y los miembros de los gobiernos liderados por la Democracia Cristiana de la época eran casi analfabetos a nivel científico. Existía una fuga de cerebros italianos hacia otros países, y esa miopía política consolidó al otro lado del Atlántico la imagen de la *dolce vita,* del *latin lover* italiano, con los espaguetis y la mandolina, que el Festival de San Remo y la llegada de Hollywood a los estudios de Cinecittà habían impuesto indignamente. Además, algunos temas vagamente técnicos se consideraban de ciencia ficción y fuera de nuestro alcance, mientras que en los círculos institucionales se toleraba a regañadientes a personas como Luigi Broglio, pionero italiano indiscutible y un genio en este campo. Por tanto, desde el punto de vista institucional, los Judica-Cordiglia eran poco más que unos simples aficionados. En realidad, los resultados que habían obtenido los dos hermanos con medios modestos y casi artesanales suponían una bofetada para la ineptitud de quienes habrían podido y debido hacer más, pues disponían de medios y estructuras institucionales. Los Judica-Cordiglia incluso habían tenido que pagar de su bolsillo el viaje a Estados Unidos; reunieron la cantidad gracias a una victoria más que merecida en un concurso de la RAI. Un contacto muy oportuno con el responsable científico de la Embajada de Estados Unidos en Roma les garantizó el interés del Departamento de Estado norteamericano y contactos con los equipos de la NASA de Alabama, Florida, Maryland y Texas. Una vez más, lo hicieron todo ellos.

«No os preocupéis, nosotros os echaremos una mano. Publicaréis vuestras noticias y os las compraremos como si fuésemos una agencia. Y os mandaremos aparatos.»

Poco tiempo después, los Judica-Cordiglia se lo agradecieron con una fotografía que habían interceptado desde la Torre Bert: la imagen del último modelo de bombardero estadounidense que un Cosmos había captado y que estaba transmitiendo a las bases soviéticas.

Al final, la ayuda estadounidense no fue gran cosa, pero, unida a la de una empresa de Milán que fabricaba grabadoras, permitió a los dos hermanos equipar el centro de escucha espacial con maquinaria más moderna. Como era de esperar, de vez en cuando un aparato se estropeaba y era necesario sustituirlo, pero la Unión de Industriales Turineses que había prometido ayudarlos les dio un sobre con diez mil liras y la UCID, el grupo de industriales católicos, otro con cinco mil. Los hermanos no solo les devolvieron el dinero, sino también los sobres.

Más tarde, con el desembarco lunar norteamericano en 1969 y la dimensión de «normalidad» que fueron adquiriendo poco a poco los proyectos espaciales, los Judica-Cordiglia cayeron en el olvido. Una típica historia italiana. Pero volvamos atrás. ¿Cuándo empezó todo?

Como recuerda Silvano Villani, su centro de escucha nació en 1957. Lo montaron con un viejo receptor norteamericano que había servido en la guerra de 1940, una antena rotativa y varias decenas de metros de cable. El 4 de octubre de ese año grabaron el primer «bip, bip» de la historia: el del Sputnik I.

> Provistos de una antena rotativa especial de cinco elementos, quizá la única que había en Turín, los dos radioaficionados se pusieron a la escucha y captaron la transmisión en una longitud de onda de quince metros. Estos sonidos rítmicos, pese a ser débiles y apagados, suscitan una gran emoción en el que escucha; son el testimonio de un gran logro de la ciencia, pues gran parte de nuestras fantasías sobre los vuelos interplanetarios se convierten en realidad.

Este fue el comentario del periódico turinés *La Stampa*. El 4 de noviembre se captaron las señales del Sputnik II, como señaló la *Gazzetta del Popolo* de Turín:

> «Conseguimos oír la señal del nuevo satélite artificial que había lanzado Rusia. Una grabadora registró en una cinta magnética la emocionante audición, la "voz" del Sputnik II, tras una paciente espera que había empezado el domingo por la noche y que se prolongó hasta ayer por la tarde», declararon Achille y Gian Battista. Los dos hermanos grabaron los tres primeros minutos del mensaje. La voz del Sputnik II, captada a 20,005 MHz, está compuesta por numerosos signos del alfabeto morse, es claramente audible y posee un timbre metálico y agudo.

Por su parte, Estados Unidos no se quedó de brazos cruzados. Así es que, al cabo de poco más de tres meses, desde la Torre Bert escucharon la «voz» del Explorer I, llamado Baby Luna. Era el 1 de febrero. Así lo relataba *La Stampa:*

> En Turín también se captaron las señales del Explorer [...]. La Baby Luna norteamericana transmite en dos longitudes de onda muy cortas, 108 y 108,3 MHz, que corresponden aproximadamente a dos metros y medio. En el mercado no hay aparatos profesionales que puedan recibir en estas longitudes de onda. Ayer por la mañana, cuando les comunicamos por teléfono la noticia del lanzamien-

to del satélite estadounidense antes de que saliera la edición extraordinaria de *La Stampa Sera,* ellos se pusieron a la escucha.

Sin embargo, para esta recepción no resultaba adecuada la antena de diez metros con cinco elementos que sirvió para captar en 20,005 MHz las señales del Sputnik I y el Sputnik II.

Los hermanos Judica-Cordiglia montaron en la azotea de su casa, a cincuenta metros de altura, una antena especial con siete elementos orientada al sur.

Una de las características de dicha antena es que funciona inclinada cuarenta y cinco grados hacia el ecuador y elimina muchas interferencias atmosféricas... La escucha, con un rumor de fondo debido a causas meteorológicas, dio como resultado una señal consistente en una serie muy seguida de puntos del alfabeto morse.

El 13 de febrero captan de nuevo las señales del Explorer I, como publica la *Gazzetta del Popolo* de Turín:

> Desde los aparatos sintonizados en las frecuencias 108 y 108,3, el Explorer dejó oír de nuevo su voz en Turín a las 10:37 horas en punto [...].
>
> Los hermanos Judica-Cordiglia estaban preparados y grabaron la señal con sus magnetófonos.

Luego, la voz empezó a sonar más débil, aumentó de tono unos instantes y desapareció definitivamente.

> Una vez más, los dos hermanos fueron los primeros en escuchar en Italia la «voz del espacio».

Al mes siguiente, el 19 de marzo, escucharon la voz del Vanguard I, como relata *La Stampa:*

> También se han captado en Turín las señales del Vanguard I, la nueva Baby Luna norteamericana que desde el lunes gira alrededor de la Tierra junto al Explorer I y el Sputnik II. Los dos técnicos, tras sintonizar sus aparatos en la frecuencia 108 Mc, una de las dos longitudes de onda en que transmite el satélite, se pusieron a la es-

cucha en los horarios que indicaba una tabla que habían hecho basándose en las noticias de los primeros pasos y en el tiempo de rotación alrededor de la Tierra, que es de 134 minutos.

En teoría, cada vez que pasa, las señales del satélite artificial deberían percibirse durante unos trece minutos, pero concurren muchos factores que limitan dicho tiempo y, a menudo, anulan por completo las posibilidades de recepción [...]. Para esta recepción, los dos hermanos utilizaron la misma antena con la que captaron la emisión procedente del Explorer I.

Al cabo de ocho meses exactos, el 19 de diciembre, la Torre Bert capta las señales del Score-Atlas estadounidense lanzado al espacio. Como publicó la *Stampa Sera:*

La estación de escucha de los hermanos Judica-Cordiglia captó las dos señales que transmitió el satélite Score-Atlas, de cuatro toneladas, lanzado la otra noche desde Cabo Cañaveral. Con dicha estación, dotada de una antena parabólica especial, los dos hermanos ya interceptaron las señales del resto de los satélites estadounidenses y de la Unión Soviética. Ayer por la tarde se pusieron a la escucha a las 17:00 horas y esperaron seis horas y media [...]. Según la hoja de ruta de los pasos del satélite, se puede prever cuál será el próximo.

Las señales que captaron los dos hermanos, probablemente, son señales de control en código morse.

Los dos técnicos son los únicos que pueden captar las señales de los satélites.

Las señales del Atlas se grabaron en una cinta magnética.

Por su parte, *La Notte* de Milán publicó:

Los hermanos Judica-Cordiglia, dos veteranos en el campo de la recepción de señales de satélites artificiales, seguirán a la escucha para captar las transmisiones del Atlas.

Sin embargo, la voz del Atlas no se dejó oír más.

Y llegamos a 1959. El 5 de octubre se escucha la voz de la Lunik III soviética.

Comenta al respecto la *Gazzetta del Popolo:*

> La tercera Lunik dejó oír su voz ayer [...]. Los hermanos Judica-Cordiglia captaron ayer en Turín su voz, un «bip, bip» muy rápido en dos tonos, dos notas de violín, como dicen los rusos [...]. Captar las voces procedentes del cielo es la pasión de estos dos hermanos, que han creado un pequeño archivo donde guardan en cintas magnéticas las grabaciones de las señales emitidas por la mayoría de los satélites artificiales lanzados por Estados Unidos y la Unión Soviética.
>
> Tras leer la noticia del lanzamiento, que recibieron a través de nuestra información y de otras informaciones de agencias de prensa, prepararon sus aparatos: los sintonizaron en una longitud de onda de 18,360 MHz, tal como comunicó TASS, orientaron la antena hacia el sudoeste y esperaron.
>
> Un circuito cerrado de televisión, con una cámara colocada en la azotea de su casa de la calle Accademia Albertina 3, les permitía tener constantemente bajo control, en un televisor situado en la sala de la radio, la posición de la antena, de modo que podrán recolocarla para las próximas escuchas en el punto exacto donde estaba ayer.
>
> Cuando oyeron las señales, contuvieron el aliento, pero no se dejaron llevar por la emoción y efectuaron con fría profesionalidad las operaciones que habían preparado siguiendo un cuidadoso plan: comprobaron la posición de la antena, registraron la sintonía, miraron el cronómetro y grabaron las señales en la cinta magnética.
>
> Ahora los dos hermanos esperan que la Lunik III vuelva a pasar cerca de la Tierra hoy o mañana.
>
> Para entonces ya habrá visto la cara de la Luna que queda oculta para nosotros y los Cordiglia, al igual que cualquier persona, sienten curiosidad por saber si la estación espacial comunicará el hecho con una serie nueva de señales o si continuará señalando únicamente su propia presencia con las características «notas de violín».

La sonda Lunik III, como es bien sabido, fotografiará la cara oscura de la Luna durante la circunnavegación de nuestro satélite y transmitirá a la Tierra las sensacionales imágenes del espacio.

Ya hemos llegado a 1960, un año de gran actividad en la Torre Bert.

El 15 de mayo, la Unión Soviética lanza su primera Korabl Sputnik, o Nave Cósmica I, que, según las indicaciones oficiales, llevaba a bordo un maniquí humano. Moscú no dio más detalles. Como dijo la *Stampa Sera:*

> A las diez, la voz de la nave espacial soviética lanzada ayer por la mañana alrededor del globo se dejó oír en Turín [...]. En una frecuencia de 19,995 MHz, fue posible oír la transmisión de sonidos alternos cada medio minuto, en un tono muy alto.

Un nuevo éxito para los Judica-Cordiglia.

> En opinión de los dos jóvenes técnicos, propietarios de la televisión privada TCH-TV, las señales reaparecerán en sus aparatos esta noche hacia las 22:00. Para tal ocasión, la televisión privada transmitirá una sección explicativa sobre la recepción de señales espaciales.

Sí, en aquella Italia sin *know how* tecnológico (muy pocos iban más allá de los cursos de electrónica por correspondencia que ofrecía la Scuola Radio Elettra), los dos hermanos habían empezado a transmitir por un canal de televisión experimental en Turín. Huelga decir que, en la Italia del *boom* y el oportunismo político, caracterizada, sobre todo, por una lógica asistencialista, partidista y estatal, una emisora de televisión no pública y potencialmente alternativa a la empresa del Estado Radiotelevisione Italiana (RAI, cuya televisión solo tenía seis años de vida) no podía tener un futuro político ni práctico, pues se anticipaba más de una década a las radios y televisiones «libres» de principios de los años setenta. Y, en efecto, no lo tuvo. Las autoridades le hicieron el vacío al experimento de la «televisión privada» TCH-TV de los Judica-Cordiglia, y empezaron a mirar con cierto malestar a sus creadores.

Volviendo a los satélites, unos seis meses después, el 3 de noviembre, Estados Unidos lanzó el Explorer VIII y en la Torre Bert captaron enseguida su voz. Comenta la *Gazzetta del Popolo:*

> El Explorer VIII, el satélite artificial que los estadounidenses pusieron en órbita ayer por la mañana, ha dejado oír su voz en Turín.
>
> Los hermanos Judica-Cordiglia oyeron la voz del satélite: treinta y siete señales sucesivas de punto y una de línea, con una duración total de unos quince segundos.
>
> Las señales se transmitieron de forma continuada. Su duración, catorce minutos, es el tiempo que tarda el satélite en completar una octava parte de la vuelta al mundo.

Según *La Stampa:*

> Los hermanos Judica-Cordiglia pudieron efectuar la escucha gracias a un potente receptor de diez válvulas con un conversor para una frecuencia de 108 MHz, y a una antena parabólica instalada en la azotea de su casa.

Y eso no era todo. Los Judica-Cordiglia consiguieron organizar una red formada por diecisiete centros repartidos por distintos lugares del mundo, empezando por el de Dieter Oslender en Bonn, Georges Castagne en Bruselas y Telemaco Pissarro y Carlos Bettencourt Faria en Angola.

En noviembre de 1960, los Judica-Cordiglia descubren algo simpático, casi podría decirse romántico: «Cuando las bases se preparan para recibir las emisiones de las naves espaciales, emiten una nota musical para comunicar que están listas. Hay diecinueve bases: la primera y la segunda son un do natural; la tercera, un sol; la cuarta es un la bemol; la quinta, un si bemol; la sexta, un sol; la séptima y la octava, si bemol; la novena es un la bemol; la décima, un sol, y la undécima, un do. Al escucharlas en la grabadora, estas notas parecen emitidas en clave de fa menor (las reproducimos en este tono) y forman el motivo de una vieja canción rusa que encontramos en Mussorgski, si no recordamos mal, en *Jovanschina*, y en Glinka. Hay once notas y diecinueve estaciones; por lo tanto, a partir de la duodécima estación, el motivo se repite».

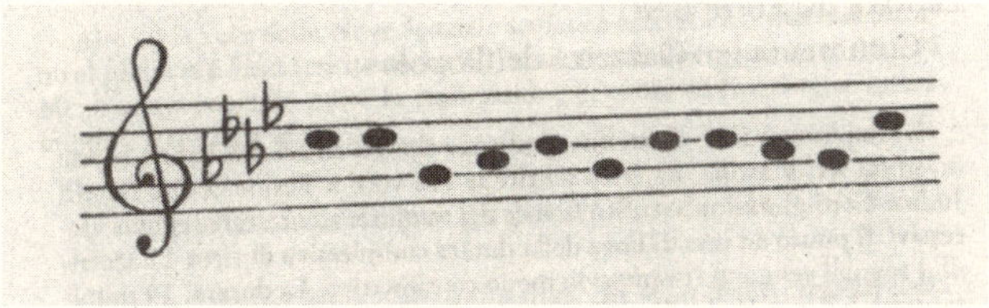

Esa fue la melodía (una serie de notas que, desde un punto de vista científico, probablemente, van más allá del puro significado musical) que las estaciones de radio soviéticas emitieron en la longitud de onda utilizada para los experimentos espaciales poco antes de efectuar un lanzamiento. Era una especie de código de sincronización. De hecho, fue lo mismo que se oyó claramente (y que los hermanos turineses Judica-Cordiglia también grabaron en cintas magnéticas) antes de que los cosmonautas Beliáyev y Leonov alzasen el vuelo a bordo de la Vosjod 2.

Pero aún hay más.

Entre el 20 y el 27 de noviembre de 1960, el centro de escucha estatal de Bochum, dirigido por el profesor Heinz Kaminski, y el laboratorio de los Judica-Cordiglia registran una actividad «musical» frenética en las bases soviéticas. El día 27, la melodía está completa, pero no llegan noticias de la Unión Soviética. Así pues, los dos hermanos permanecen a la escucha.

El 28 de noviembre, el periódico turinés *Gazzetta del Popolo* publica en primera página a ocho columnas: «Dramática revelación de los científicos del puesto de escucha de Bochum (Alemania): "Un astronauta perdido en el espacio lanza desesperadas señales de socorro"».

En su informe para la Agenzia Nazionale Stampa Associata (ANSA) y United Press International (UPI), Hans Kaufer cuenta:

Una astronave con un ser humano a bordo se aleja a una velocidad vertiginosa de la Tierra, rumbo al inmenso espacio sideral. Esto es lo que han revelado unos científicos del centro de Bochum, el puesto de escucha de radioseñales transmitidas por satélites artificiales más importante de Alemania.

La deducción más inmediata es que el misterioso «vehículo» ha burlado el control de la Tierra y se ha «perdido en el espacio». La dirección del Observatorio de Bochum se ha negado a facilitar a los periodistas datos precisos sobre las señales captadas, aunque parece imposible que las transmisiones procedan de «radioestaciones que funcionan automáticamente». Esta constatación induce a creer que el vehículo misterioso lo conduce una mano humana.

Según afirman, la astronave intenta restablecer el contacto con la base de lanzamiento.

Si realmente se trata de una nave espacial, tiene que ser rusa, ya que, hoy en día, los soviéticos son los únicos capaces de emprender semejante proyecto.

Los periodistas han logrado hablar con el profesor Saenger, uno de los físicos más ilustres de Alemania, al que el Observatorio de Bochum ha recurrido en varias ocasiones. Y el profesor ha declarado: «No me consta que los rusos hayan lanzado ninguna nave espacial con tripulación humana a bordo, aunque no me sorprendería que hubieran llegado a hacerlo. Sin duda, los soviéticos están listos para lanzar una aeronave con uno o más hombres como pilotos; si aún no ha ocurrido, ocurrirá pronto. Por otra parte, no podemos descartar que se haya tratado de un intento fallido».

Y ahora cedamos la palabra al «diario de radio» de los hermanos Judica-Cordiglia:

12:00 h. Después de colocar las antenas y poner en marcha la instalación televisiva de control, empezamos la escucha.

Exploramos las frecuencias en torno a los 20,000 MHz. Entretanto, la noticia nos llega también por medio de las agencias de prensa, con información más detallada y reciente que por la mañana.

13:43 h. Efectuamos la primera escucha. La recepción adquiere enseguida un carácter peculiar. Mientras la voz de los satélites que habíamos escuchado hasta ahora constituía un «rumor de base», un «bip, bip», como lo llamaron los periodistas, esta vez tenía un significado claro para cualquiera que conociera el alfabeto morse.

Era una persona que estaba en el espacio y no tenía nada que ver con el típico «bip, bip». Eran señales en morse: tres puntos, tres líneas, tres puntos, repetidos tres veces; y luego más líneas, puntos y líneas. Era un mensaje de siete palabras dramáticamente claras.

El mensaje trágico repetido continuamente era este:

... ––– ... ...–––... ...–––...

SOS SOS SOS

..––––.–.–.... .–––....––––.–.. .–––––––.–..–..–..

A TODO EL MUNDO

14:05 h. Se repite la misma escucha en alfabeto morse.

14:30 h. Nos llaman por teléfono de la redacción del periódico *La Stampa*. Los periodistas quieren noticias sobre nuestras escuchas.

Generalmente, somos muy cautos a la hora de dar información por una comprensible prudencia.

14:45 h. Llegan a nuestro centro de escucha un periodista y un técnico de *La Stampa*.

15:00 h. Escuchamos el mismo mensaje. Llega un periodista de la *Gazzetta del Popolo*.

Al día siguiente, este periódico publicará:

¿Las señales de socorro que se han captado desde el puesto alemán de Bochum son de un astronauta? La noticia, que apareció ayer en nuestro periódico, ha suscitado un vivo interés [...]. En cuanto leyeron la noticia, los dos jóvenes se pusieron a la escucha. Oyeron la transmisión en morse de señales de socorro, concretamente de la frase «*SOS SOS SOS FOR THE WHOLE WORLD*», es decir, una petición de ayuda a todo el mundo.

Como hemos dicho, la transmisión se recibió con una antena que sirve para captar los satélites artificiales rusos en una frecuencia de unos 20,000 MHz.

Quizá sea precipitado llegar a la conclusión de que fue un astronauta en peligro quien lanzó las señales, pero hay detalles que nos obligan a plantearnos si dicha hipótesis tiene fundamento.

Las primeras señales se oyeron de las 13:43 a las 13:50; las segundas, entre las 14:05 y las 14:22: casi una hora de peticiones de ayuda desesperadas que concluyeron con un chirrido y después nada.

«Las señales no aparecen a intervalos regulares —han declarado los dos jóvenes—, y eso excluye que pueda ser un satélite girando alrededor de la Tierra. Tal vez procedan de una cápsula espacial que se está alejando en el cosmos.»

«También podría ser un emisor de la Tierra que, por unas más que discutibles ganas de embrollarlo todo, se pusiera a transmitir señales de socorro en esa frecuencia.» Ayer por la tarde, el señor Perris, jefe de la oficina política, invitó a la comisaría a los dos hermanos y les pidió que hoy presentaran un informe detallado de las transmisiones que captaron.

El 30 de noviembre, la *Gazzetta del Popolo* de Turín dedica un amplio espacio a la cuestión:

¿Qué hay de cierto en la noticia de que un misterioso astronauta, tal vez perdido en el espacio, ha estado lanzando mensajes de socorro desesperados a la Tierra? ¿Por qué los mensajes captados en la estación de escucha alemana de Bochum se han interpretado como la llamada de un ser humano posiblemente condenado a un trágico fin? ¿Realmente proceden del mismo sitio las señales escuchadas en Alemania y las que captaron en Turín los hermanos Judica-Cordiglia? Con la intención de contribuir a esclarecer tan apasionante enigma, nuestro periódico —el primero en dar la emocionante noticia extraída de ANSA-UPI en la edición del lunes— pidió al corresponsal en Bonn, Luigi Forni, que se trasladara a Bochum para organizar una conversación telefónica entre el profesor Heinz Kaminski, director de la estación que captó las señales, y los hermanos Judica-Cordiglia.

La conversación tuvo lugar a primera hora de la tarde. En Bochum estaban el profesor Kaminski y nuestro corresponsal, que hacía de intérprete; en Turín, los dos hermanos, provistos de la cinta magnética grabada, y un redactor de la *Gazzetta del Popolo*.

El servicio de transcripción grabó la conversación. Leamos un fragmento:

BOCHUM: El profesor Kaminski está muy interesado en saber en cuántos kilociclos fue captado el mensaje.

TURÍN: Antes de nada, ¿el profesor también grabó algo?

BOCHUM: Sí, el profesor confirma que él también grabó señales, pero son cosas secretas. El profesor nos recuerda que trabaja para el Estado.

TURÍN: En Turín recibimos las señales en la frecuencia... *[le da la frecuencia al profesor].*

BOCHUM *[tras una interrupción]:* El profesor dice que es exacta. Antes de oír las señales, le gustaría saber a qué hora las oyeron.

Está claro que el profesor, por su vinculación con el Estado, no puede hablar, pero todo parece indicar que las señales son las mismas.

La prensa se había apoderado de la noticia y, mientras esperaba una confirmación, un curioso episodio evidenció la hostilidad que había en ciertos ambientes hacia el equipo de la Torre Bert, al que no tardaron en acusar (nadie es profeta en su tierra) de haber difundido una mentira. Ante ello, el 1 de diciembre, la *Gazzetta del Popolo* intervino prontamente, y Luigi Forni, su corresponsal en Bonn, escribió:

> El profesor Kaminski me ha pedido esta mañana que desmienta categóricamente una hipótesis que han lanzado varios periódicos italianos, según la cual él podría haber cometido un grave error al creer que había captado señales procedentes de los espacios interplanetarios, cuando, en realidad, dichas señales eran parte de los sonidos de fondo de una radionovela retransmitida el sábado por la noche en Radio Firenze. Además, Kaminski ha declarado que las modalidades y la frecuencia, calculada en megaciclos, de las insólitas señales que han sido objeto de las clamorosas revelaciones excluyen la posibilidad de que ocurriese lo que se ha dicho.

> Así pues, queda confirmado que 1) las señales se captaron realmente; 2) no pueden formar parte del sonido de la radionovela, que se retransmitió cuando el profesor Kaminski ya había efectuado las escuchas; 3) las características de las señales espaciales avalan las dos hipótesis que recogimos en nuestro periódico: una petición de ayuda por parte de un viajero espacial o una prueba del lanzamiento del primer astronauta realizada desde la Tierra, probablemente en la base rusa del lago de Aral.

Entretanto, la redacción del periódico pidió a ambos una declaración sobre la hipótesis de que las señales espaciales no fueran más que los sonidos de fondo de un programa radiofónico de la RAI.

Este es el desmentido de Turín publicado en el periódico:

> Respecto al SOS procedente del espacio, anoche, en Florencia, se lanzó una hipótesis que carece de fundamento para negar la captación de las señales. Sostenían que dichas señales se habían emitido durante la retransmisión de una radionovela de Radio Firenze titulada *El primer hombre,* que narra la historia de un astronauta perdido en su nave espacial que vaga en el infinito.
>
> Pues bien, en respuesta a la nota que tiene intención de desmentir y no desmiente, pero que podría definirse como una nota de tono publicitario sobre un tema tan importante y que no excluye un peligro inminente para una persona, tenemos el deber de precisar lo siguiente:
>
> 1) Aunque las estaciones de la red radiofónica tienen emisoras de notable potencia y permiten conexiones a notable distancia, está científicamente comprobado que, para las frecuencias de alrededor de 20,000 MHz, las conexiones solo se producen en distancias superiores a los diez mil kilómetros aproximadamente. Ello excluye categóricamente la posibilidad de que se hayan captado dichas señales en Bochum, y menos aún en Turín (la distancia entre Florencia y Bochum es de 911 kilómetros; entre Florencia y Turín, de 317). En estas frecuencias, lo que suele escucharse son estaciones norteamericanas o australianas.
>
> 2) En general, los programas italianos de la RAI se reciben en frecuencias de 7.000 kilociclos. Por tanto, debemos excluir que los científicos alemanes oyeran las voces o las señales de Radio Firenze.

3) Así pues, nosotros no pudimos interceptar dichas señales, menos aún si se tiene en cuenta que el programa de Radio Firenze se retransmitió a las 21:00 horas del sábado 26 de noviembre, y nosotros recibimos el SOS a las 13:43 horas del 28 de noviembre, en presencia de testigos fiables.

4) Por otra parte, debemos señalar que, esta mañana (miércoles 30 de noviembre), una persona, que se ha identificado como un ingeniero apellidado Bistolfi y se ha presentado como jefe del Centro de Radioescucha de la RAI, nos ha comunicado por teléfono que Radio Moscú ha anunciado a las 6:15 horas el lanzamiento de un hombre al espacio. Bistolfi nos ha preguntado qué frecuencia usábamos para escuchar los satélites rusos.

Solo la conocemos nosotros dos, un redactor de la *Gazzetta del Popolo* y el profesor Kaminski. Hemos sintonizado enseguida los aparatos en Radio Moscú, pero no hemos oído ninguna señal. Naturalmente, en la RAI de Turín ignoran la existencia de un ingeniero llamado Bistolfi.

Estas declaraciones muestran claramente que las señales captadas en Bochum y en Turín no tienen nada que ver con las que se lanzaron durante el programa de ciencia ficción de Radio Firenze.

Además, estos últimos no habrían podido engañar a nadie, ya que cualquier oyente se habría dado cuenta de que se trataba de la retransmisión de una radionovela.

La confirmación de las escuchas no tardaría en llegar. El viernes 2 de diciembre, la *Gazzetta del Popolo* salió con esta noticia a toda página:

Un nuevo proyecto cósmico resuelve el enigma de las misteriosas señales recogidas en los últimos días

Moscú anuncia el viaje de una nave espacial, confirmando así las interceptaciones de Bochum y Turín. El profesor Kaminski no excluye que el hombre ya esté en el cosmos.

Moscú, 1 de diciembre. La Unión Soviética ha anunciado que puso en órbita el Korabl Sputnik III, una tercera nave espacial de unas cinco toneladas y media.

[...] Un portavoz del Observatorio de Jodrell Bank ha sido más explícito y ha dicho: «Parece que no se trata de una sonda espacial, sino de otro intento de insertar una cosmonave pesada en una órbita terrestre para devolverla a la Tierra». El portavoz ha dicho que no nos sorprendamos si los soviéticos anuncian que la nave espacial lanzada hoy lleva a bordo a un ser humano.

Según el representante de Jodrell Bank: «Hace tiempo que los científicos de todo el mundo esperan que la Unión Soviética lance al espacio un satélite con un piloto humano. Puede que haya llegado el momento. El lanzamiento de hoy, por otro lado, prueba que la Unión Soviética ya es perfectamente capaz de hacerlo».

En Turín, la *Gazzetta del Popolo* publicaba lo siguiente.

La nave espacial rusa también ha dejado oír sus señales en Turín [...].

Los hermanos Judica-Cordiglia usaron la antena direccional rotativa con la que captaron las misteriosas señales de SOS el pasado lunes y sintonizaron el aparato en 19.995 kilociclos, con lo cual, a las 12:15 horas, oyeron con claridad unas señales similares al «bip, bip» del primer Sputnik, pero en doble tono.

Los visitamos en su laboratorio y fuimos testigos de un paso del satélite, el de las 16:39 horas. Oímos el mensaje modulado y también los mensajes grabados durante los pasos anteriores.

Más tarde, se oyeron señales de la nave espacial a estas horas: 19:33-21:03-22:31-23:59-01:27, esto es, exactamente cada 88 minutos y 6 segundos.

Tras el extraño comentario de Florencia, que intentaba dejar en ridículo el episodio de los SOS procedentes del espacio, los hermanos Judica-Cordiglia son muy reacios a comunicar los resultados de sus observaciones y solo afirman que las horas de escucha concuerdan con las horas de los centros extranjeros.

«Poseemos grabaciones extensas y precisas, realizadas en varias secuencias exactas, pero no deseamos ni podemos declarar nada sobre las peculiares e interesantes características de las señales para evitar las desagradables reacciones que ya se han producido contra nosotros.»

Aparte de estas comprensibles reservas, de cariz sobre todo polémico, los Judica-Cordiglia están completamente seguros del valor de sus recepciones. De hecho, después le contaron al periodista Silvano Villani que «las señales no aparecían a intervalos regulares, lo cual significaba que no procedían de un satélite que giraba alrededor de la Tierra, sino que parecía que se alejaran por el cosmos». El hombre que iba a bordo del Sputnik tal vez se deslizaba fuera de la órbita, como leemos en los libros de ciencia ficción, pero ¿quién podía ayudarlo a regresar a la Tierra? Estaba muy lejos de las criaturas terrestres, vivo en su tumba de metal, y tal vez en ese vacío negro y helado cualquier ser humano parecía un amigo, poco importaba quién fuese y en qué creyera.

Es conveniente señalar que Moscú nunca oyó hablar de la recepción de señales efectuada en la Torre Bert unas cuarenta y ocho horas antes de que TASS anunciara que se «había puesto en órbita una nave espacial».

Tan extraña coincidencia se repetiría poco después. Por otra parte, TASS dijo que la «habían puesto en órbita» sin especificar cuándo se realizó la operación.

Más tarde, el 2 de febrero, ocurrió algo más. Nuevas recepciones, completamente sui géneris. Cedamos la palabra al diario de radio de los hermanos Judica-Cordiglia, citado en su libro *Voci dello spazio*.

2 de febrero

21:55 h. Efectuamos una escucha peculiar en esas frecuencias.

22:14 h. Se repite la escucha.

En vista de las peculiaridades de estas recepciones, sentimos el peso de la responsabilidad de informar al mundo.

En esta ocasión fue cuando empezamos a colaborar con nuestro padre, profesor de Medicina Legal en la Universidad de Milán.

En primer lugar, no debíamos dar más noticias fragmentarias, como habíamos hecho hasta entonces, sino en forma de comunicados. En segundo lugar, dichos comunicados debía redactarlos alguien con más experiencia que nosotros, para salvaguardarnos entre líneas del peligro de un desmentido.

Nosotros íbamos a cara descubierta y sin defensas frente a los observatorios de todo el mundo, que pertenecen a gobiernos y tienen a profesores universitarios como directores.

Así es que nuestro padre fue, y sigue siendo, una gran ayuda para redactar los comunicados y aconsejarnos sobre cómo actuar.

22:30 h. Se envía el primer comunicado con el siguiente encabezamiento: «Centro Privado de Radioescucha Espacial de Turín».

Este es el texto:

«A las 21:55 horas, tras varios intentos infructuosos a lo largo del día, logramos captar señales evidentes en las frecuencias que habitualmente emplean los soviéticos.

»Es de notable importancia el hecho de que estas eran netamente distintas a las que captamos con anterioridad, emitidas por otros satélites. Las nuevas emisiones estaban formadas por una señal básica con características especiales, a la que se superponía, intercalándose sin interferencias, otra señal con un timbre metálico que no podemos definir de otro modo. La escucha duró, con pausas y reanudaciones más o menos evidenciables, un buen número de segundos.

»De pronto, a las 22:14 horas, en la misma frecuencia, y superpuestas a las señales identificadas con anterioridad, clasificables en el código de telecomunicaciones en AM, es decir, en fonía, interceptamos otras emisiones con características totalmente especiales y distintas. Daba la impresión de que provenían de un ser vivo en apuros que maniobraba instrumentos o se movía provocando ruidos que se alternaban con fases de espiración e inspiración jadeantes, como expresiones descoordinadas de sufrimiento.

»Pese a haber escuchado varias veces la grabación, conforme a los sistemas de lectura magnética habituales, obviamente no podemos confirmar la hipótesis de que fuera un ser vivo en apuros, en un ambiente concreto del que intentaba liberarse o al que trataba de adaptarse.

»A partir de las 22:30 horas no interceptamos más señales».

Sin duda, es un comunicado realizado con la máxima prudencia. Además de los ruidos que mencionaron, de naturaleza biológica, había otros de los que no hablaron.

3 de febrero

09:00 h. Nada que destacar en la frecuencia.

12:30 h. Tras muchas horas de escucha en la misma frecuencia, hemos vuelto a captar de un modo evidente las señales transmitidas a las 21:55. Hemos oído y grabado las señales de base, que se han prolongado 1'20" *[eran señales de control automáticas de la presencia del satélite. Recordemos que la señal de base o señal automática de control, o de presencia, es el famoso «bip, bip» del que ya habían hablado los periódicos en el caso de los otros satélites artificiales]*. En la emisión no apreciamos ni la señal cuyo timbre definimos como metálico ni los ruidos que nos hicieron pensar, de un modo hipotético, en la presencia de un ser vivo en apuros.

La señal que hemos captado esta mañana podría dar pie a la siguiente hipótesis: que la capa F de la ionosfera, que durante las horas diurnas se desdobla en una capa inferior F1 y una capa superior F2, haya determinado la recepción por vía refleja en vez de por vía directa.

Invitamos a las estaciones de escucha que captaron señales similares a las que acabamos de describir (de base o no) que se pongan en contacto con nosotros llamando a este teléfono de Turín: 887747.

Huelga decir que todas las agencias de prensa emitían este tipo de comunicados y que muchos periódicos italianos y extranjeros los publicaban.

21:00 h. Para tener un diagnóstico fiable de los «ruidos biológicos» y contar con la opinión de una persona cualificada que no fuese un familiar (nuestro padre ya había hecho su diagnóstico), y también para aligerar un poco nuestra responsabilidad, llamamos por teléfono al profesor Achille Mario Dogliotti, director del Centro Cardioquirúrgico de la universidad.

Le expusimos al profesor el motivo de nuestra llamada y él nos aseguró que vendría cuanto antes al centro de escucha acompañado de su equipo de cardiólogos.

El profesor Dogliotti llegó con el profesor Morino, docente de Patología Especial Quirúrgica de la Universidad de Génova, y el profesor Pier Federico Angelino, docente de Patología Especial Médica en la Universidad de Turín. Los cardiólogos escucharon repetidamente la cinta magnética con las grabaciones de las extrañas señales.

A las 23:00 horas, el profesor Dogliotti emite su primer comunicado:

«Los señores Judica-Cordiglia me han pedido que interprete unos sonidos que grabaron en una cinta durante la escucha de un presunto vehículo espacial, y creo poder afirmar cuanto sigue:

»1) Se escucha a intervalos un ruido rítmico que, con una frecuencia de 80-90 por minuto, repite primero el ritmo fundamental de un latido cardiaco humano o de un mamífero superior.

»2) También se escuchan unos sonidos que recuerdan mucho a una respiración forzada o ligeramente disneica.

»Las grabaciones son breves e incluyen interferencias y superposiciones que alteran los detalles. En conjunto, los ruidos escuchados pueden ser los que he descrito más arriba, pero no puedo afirmarlo con certeza».

El profesor Dogliotti en persona respondió por teléfono a muchos periódicos y agencias de prensa que pedían información sobre nuestras captaciones.

Por la noche, nos alternamos en los receptores y por teléfono. Recibíamos llamadas de todo el mundo pidiendo la opinión del ilustre cirujano turinés.

El 4 de febrero, la *Gazzetta del Popolo* de Turín publica:

¿Los rusos ya han lanzado a un ser humano al espacio? La pregunta surge tras las interesantes declaraciones del profesor Heinz Kaminski, del Observatorio Radioastronómico de Bochum, el científico alemán que a finales del pasado noviembre anunció con varios días de antelación la entrada en órbita del último satélite artificial soviético.

Kaminski declaró que había recogido en su estación de escucha importantes señales entre las 11:50 y las 13:50 (hora de Greenwich) del jueves.

Por la mañana, llevan las grabaciones magnéticas a la Escuela de Cardiología de la universidad, y se las muestran al profesor

Giulio Cesare Dogliotti, director de la clínica médica de la Universidad de Turín.

El profesor declara: «Los hermanos Judica-Cordiglia me pidieron que escuchara una grabación en cinta magnética en la que había distintas clases de ruidos mezclados con las señales de una estación emisora radiofónica. Entre los ruidos, se aprecian algunos que recuerdan una respiración jadeante, como un quejido, y otros sonidos rítmicos que recuerdan los tonos cardiacos de un ser vivo. Estos últimos se han grabado en película fotográfica con un fonocardiógrafo clínico». Efectivamente, se realizaron fonocardiogramas.

A las 23:00 horas, se emite un nuevo comunicado, que las agencias difunden de inmediato, en el que se dice, entre otras cosas:

> Tras una interrupción a primera hora de la tarde, nos pusimos de nuevo a la escucha. De las 17:30 a las 18:50 horas captamos una primera emisión de notable intensidad, con caracteres de una marcada evanescencia típica de las emisiones de los vehículos espaciales, en una frecuencia en torno a los 20 MHz.
>
> Esta primera emisión presentaba una serie de características especiales que, tras un atento examen, revelaron zonas de semejanza con las emisiones captadas los días anteriores.
>
> La emisión duró unos diez minutos.
>
> No tenemos intención de formular hipótesis a partir de estas noticias, ni siquiera sobre el medio que transmite las señales. Otras escuchas que se produzcan durante la noche quizá nos permitan ser más precisos.

Mientras tanto, el 5 de febrero, en todo el mundo se esperaba una explicación sobre las primeras grabaciones del 2 de febrero.

A las 21:00 horas, se emite otro comunicado en el que se dice:

> Señalamos que, tras investigar a conciencia las emisiones grabadas, constatamos que estas son de notable intensidad, muy marcadas e identificables con emisiones de vehículos espaciales que transmiten en una frecuencia de alrededor de 20 MHz. Las señales captadas

poseen caracteres que presentan analogías fundamentales con las del 2 de febrero, esto es, son señales sonoras de base muy seguidas, señales de timbre metálico rápidas y de notable intensidad.

Debemos añadir que a las 14:07 horas de hoy se han registrado señales del mismo tipo acompañadas de otros ruidos. Para pronunciarnos sobre ellas, esperamos los diagnósticos que seguirán a una consulta médica colegial que se efectuará esta noche.

6 de febrero

Por la mañana, vamos de nuevo a la Escuela de Cardiología a ver al profesor A. M. Dogliotti, con quien hemos mantenido contacto telefónico toda la noche.

De común acuerdo, emitimos un comunicado que copiamos entero.

15:00 h. Esta mañana hemos ido a la Escuela Cardioquirúrgica de la Universidad de Turín, que dirige el profesor Achille Mario Dogliotti, para hablar de los aspectos biofisiopatológicos de las grabaciones efectuadas el 2 de febrero a las 22:14 horas y el 5 de febrero a las 14:07 horas.

En presencia del director, del profesor Giovanni Judica-Cordiglia y de varios ayudantes de la escuela, especialistas en grabaciones cardiológicas, hemos escuchado de nuevo las grabaciones y hemos vuelto a examinar los resultados de las investigaciones realizadas hasta ahora.

Tras un largo debate, el profesor Dogliotti ha declarado: «Durante las audiciones, junto a los ruidos de base desordenados, se aprecia de un modo claro la presencia de otros ruidos que pueden interpretarse como espiraciones prolongadas y forzadas. Al final de dos o tres de ellas, hemos oído una inspiración profunda. Además, hemos escuchado fenómenos acústicos compatibles con un ritmo cardiaco: un primer tono más opaco y largo, una pequeña pausa y un segundo tono más breve, seguido de una pausa de mayor duración. Estos presuntos tonos (grabación fonocardiográfica) parece que presentan una duración y una frecuencia ligeramente superiores a la norma. No es posible afirmar si tales deformaciones son imputables a momentos técnicos concretos. Del conjunto de las audiciones puede concluirse que resulta verosímil la presencia de un ser vivo situado en un ambiente peculiar que le crea notables dificultades técnicas y biológicas de transmisión y recepción».

Las grabaciones también se sometieron a las respectivas opiniones del profesor Enrico Benassi, director del Instituto de Radiología de la Universidad de Turín, y de la profesora Anna Maria di Giorgio, directora del Instituto de Fisiología Humana de la Universidad de Turín. Ambos se mostraron sustancialmente de acuerdo con las afirmaciones del profesor Dogliotti.

17:30 h. Nos llaman por teléfono de la redacción de Milán de la UPI, concretamente su corresponsal, Aldro Trippini, y nos da una gran noticia: «Lanzan una nave Sputnik que pesa seis toneladas y media. Por primera vez, TASS no dice qué lleva a bordo».

La redacción de Milán de la UPI, a través de su corresponsal Aldo Trippini, colaboraba estrechamente con nuestro centro de escucha. Gracias a su ayuda, teníamos información interesante del resto de los centros de escucha del mundo, ya que nos comunicaba por teléfono todos los datos que recibía por teletipo. Una colaboración fundamental para nosotros.

Así pues, acababan de anunciar que los científicos rusos «habían puesto en órbita» la Korabl Sputnik III.

Una vez más, TASS comunicó el lanzamiento unas horas después de que nosotros lo captáramos.

La Stampa de Turín publicó: «Según un anuncio del jefe de los Servicios Espaciales, los observadores norteamericanos avistaron el nuevo satélite soviético unas doce horas antes de que se emitiera el comunicado oficial ruso».

También habíamos recibido confirmación de nuestras recepciones de Texas, donde el profesor John Sharp recogió señales que atribuía al Sputnik, entre las que, además de la señal de base, había algunas semejantes a «una respiración humana» y a «un latido cardiaco».

Nos pidieron con insistencia que cediéramos nuestras grabaciones, pero no lo hicimos. De hecho, así nos lo aconsejó el profesor Dogliotti, que las consideraba impresionantes para que las retransmitieran las estaciones de radiodifusión.

Nos parece acertado concluir con las palabras que el periodista Sandro Doglio, comentarista de nuestras recepciones, pronunció tras escuchar las grabaciones: «Saber que todo esto viene del espacio, de una nave que viaja a una velocidad de locura, a miles de kilómetros de altura, sin saber si regresará, hace aún más dramática la audición. El latido del corazón es como el que hemos oído tantas veces a través del estetoscopio. Sentíamos y padecíamos un auténtico sufrimiento físico» (*La Settimana Incom,* Milán).

¿De quién era el corazón agonizante que los hermanos radioaficionados Judica-Cordiglia grabaron en la frecuencia 19,989 megahercios la noche del 2 de febrero de 1961? El observatorio alemán de Bochum y el profesor John Sharp, de El Paso (Texas), confirman la recepción de los dos turineses.

«¿Podría ser un conejillo de Indias de laboratorio lanzado al espacio?», se pregunta Paolo Cortesi.

El profesor Benassi, director del Instituto de Radiología de Turín, excluyó que las respiraciones fueran de un animal, ni siquiera de un antropoide.

En 1961, solo había dos naciones en el mundo capaces de lanzar misiles espaciales: Estados Unidos y la Unión Soviética. Y, como los norteamericanos no ocultaban sus operaciones astronáuticas, era inevitable pensar en los soviéticos. Aquel febrero de 1961, Nikita Jrushchov había declarado que «se acercaba el momento de lanzar al primer hombre al espacio». ¿Se refería al inminente lanzamiento orbital de Gagarin (12 de abril de 1961) o aludía a un intento que, como mostraría la respiración jadeante, había fracasado en secreto? El 4 de febrero de 1961, los rusos lanzaron el Sputnik VII, que, con su peso de 6.483 kilos, era mucho más imponente que la Vostok I de Gagarin. ¿Existía alguna relación entre el latido cardiaco procedente del espacio y el Sputnik VII? ¿Por qué el comunicado oficial del lanzamiento de dicho cohete fue el más breve de los mensajes sobre la actividad aeroespacial soviética de los años sesenta? ¿Por qué el día después del lanzamiento dejó de hablarse del experimento? ¿Y por qué, como escribió el corresponsal de *La Stampa,* «el control de los despachos de Moscú nunca había sido tan férreo»? En definitiva, ¿el Sputnik VII llevaba a bordo a un cosmonauta que pudo preceder dos meses a Gagarin?

«La dramática grabación que efectuaron los Judica-Cordiglia en su estación privada no fue la primera ni será la última», concluyó Paolo Cortesi.

Como escribió en *La Domenica del Corriere* Franco Manocchia:

> En el centro espacial de Lanciano, en la región del Abruzo, en un cuarto preparado como un búnker de Cabo Kennedy, oí los estertores de un ser humano moribundo que viajaba a bordo del Sputnik VII. Grabada en una cinta, acompañada de un frío crujido cósmico de fondo, durante dos minutos y medio, la agonía de nuestro semejante apareció en la escucha, pasó junto a nosotros clara, desesperada en ese cuartito demasiado angosto para contener su eco, y volvió puntualmente con una respiración jadeante, a intervalos regulares de dos o tres segundos, la única interferencia que reducía a proporciones humanas la señal audaz y de ciencia ficción del radiofaro de a bordo. Jamás olvidaré ese eco.

El mismo día, pocas horas después de la recepción, los soviéticos comunicaron que el Sputnik VII también se había desintegrado poco después de entrar en órbita, como le había sucedido al Sputnik VI unos días antes.

El general N. Kamanin desmintió en las páginas del periódico soviético *Krásnaya Zvezdá [Estrella Roja]* que hubiera un hombre a bordo del Sputnik VII, a lo que siguió una declaración muy precisa de los hermanos Judica-Cordiglia, que seguían desde hace años la actividad y el llamado tráfico radioespacial desde la Torre Bert, para confirmar lo que interceptaron.

Y, aunque no sea necesaria, la documentación del centro de escucha de Lanciano constituye una prueba más de que la primera y dramática hipótesis es más que válida: había un astronauta a bordo del Sputnik VII.

El centro de escucha y grabación espacial de la región del Abruzo empezó su actividad en 1957 por iniciativa de un gran radioaficionado, Mario del Rosario, profesor en la Escuela Local de Comercio.

Del Rosario declaró: «No hay posibilidad de error. Yo también tengo las grabaciones que los hermanos Judica-Cordiglia facilitaron a *La Domenica del Corriere,* idénticas a las del Observatorio de Bochum, aunque yo no he tenido la oportunidad de traducirlas todas. Sin embargo, la cinta del Sputnik VII no necesita traducciones. Todo el mundo puede escucharla y comprenderla, porque habla un lenguaje universal: el de la muerte. En un plano lógico, el Sputnik VII tenía que ser un satélite habitado. Sabemos que los soviéticos suelen poner en órbita satélites de exploración antes de hacer un lanzamiento humano. Antes del Sputnik VII mandaron al espacio el Sputnik VI, y ambos se desintegraron. En mi opinión, estas demostraciones no detendrán a los rusos. Han callado y seguirán callando, de manera que los nombres de los verdaderos héroes serán ignorados».

Desde luego, el radioaficionado de Lanciano fue un buen profeta.

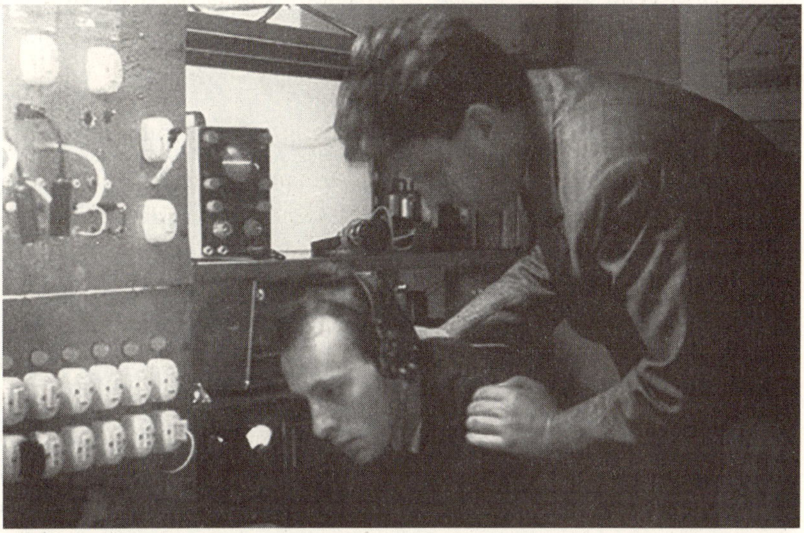

Los hermanos Judica-Cordiglia en su centro de escucha (foto superior) y en una imagen reciente (foto inferior), retratados en una pose simbólica.

Sochi (mar Negro), 1961. Foto de grupo de astronautas soviéticos difundida en Occidente. En la imagen superior, sentado, vemos a Gagarin (el segundo por la izquierda) y en el centro, a su lado, a Koroliov. Entre ambos, de pie, un personaje no identificado que desaparece en la foto inferior. ¿Por qué?

Identificado con las flechas, otro personaje misterioso que nadie ha conseguido identificar (presumiblemente, el astronauta fantasma de la foto de grupo de Sochi incluida en la página anterior) durante un partido de voleibol con sus compañeros y, en la imagen inferior, durante una sesión informativa. Gagarin es el primero de pie empezando por abajo, en primer plano.

Capítulo 3

DESAPARECIDOS EN LA NADA

Hasta hoy, Estados Unidos y la Unión Soviética han declarado oficialmente catorce muertes tras las distintas misiones espaciales.

- ◊ 28 de enero de 1967. Tres astronautas norteamericanos, a causa de un fatal accidente en tierra, mueren carbonizados durante unas prácticas realizadas en el interior de una cabina Apolo, en el Centro Espacial Kennedy (Florida). Son Virgil Grissom, Edward White y Roger Chaffee.
- ◊ 23 de abril de 1967. La nave rusa Soyuz se estrella contra el suelo en el Asia central soviética debido a que el paracaídas de frenado no se abrió durante la maniobra para reingresar en la atmósfera. El piloto Vladímir Komarov muere en el accidente.
- ◊ 29 de junio de 1971. Otra nave rusa, la Soyuz 11, tiene problemas al regresar. Los tres pilotos, Dobrovolski, Volkov y Patsaiev, mueren a causa de una «embolia gaseosa» provocada por la repentina «despresurización» del vehículo espacial.
- ◊ 28 de enero de 1986. En directo por televisión, justo después del lanzamiento desde Florida, explota en pleno vuelo el transbordador espacial estadounidense Challenger. En el accidente muere la tripulación al completo, formada por siete miembros, entre ellos dos mujeres. Los caídos son Francis R. Scobee, Michael John Smith, Ronald E. McNair, Ellison S. Onizuka, Gregory Bruce Jar-

vis, Judith A. Resnik y Sharon Christa McAuliffe (pasajera).

Esta es la lista oficial de caídos en los caminos del cosmos (por utilizar una expresión muy del gusto soviético) y, como hemos visto, está muy lejos de ser completa. ¿Qué piensan de ello los astronautas rusos?

Entre mediados de los años ochenta y mediados de los noventa, yo mismo operé activamente en una empresa (la Futuro Srl) que trabajaba en varios proyectos dentro del sector de la habitabilidad en el ámbito aeroespacial. En aquellos años tuve ocasión de conocer a varios astronautas estadounidenses, europeos y de la Unión Soviética, tanto en Italia como en el extranjero; en especial a los rusos, les pregunté si habían oído hablar de otros accidentes que hubieran sufrido otros colegas. Polyakov, Ryumin, Strekalov, Krikaliov..., todos alternaban *no comment* avergonzados, silencios ambiguos, sonrisas irónicas o negaciones más enérgicas y lacónicas, según los casos y las situaciones, cuando había más gente delante. En cambio, si estábamos a solas, todo era distinto. Sin testigos que los incomodaran, mostraban curiosidad por averiguar cuánto sabía yo, en realidad, lo cual significaba que conocían ciertos temas, aunque fueran un tabú. Y eso ya era una respuesta implícita.

«Por lo que yo sé, esas afirmaciones nunca se han confirmado», me dijo Serguéi Krikaliov, a la defensiva, en 1992, en Florencia. Krikaliov ha pasado a la historia, pese a ser un astronauta bastante joven (en aquella época tenía treinta y cuatro años), como el último cosmonauta de la Unión Soviética. Mientras él estaba en órbita, la Unión Soviética desapareció y nacieron la nueva Rusia y la comunidad de Estados independientes que hoy gravitan a su alrededor. Krikaliov pasó 311 días a bordo de la estación espacial rusa Mir, y a su regreso constató con sorpresa que la segunda gran potencia del mundo había desaparecido. Además, nadie le concedió la deseada condecoración de héroe de la Unión Soviética. Los comunistas ya no estaban en el poder en el Kremlin y ello generó la grotesca situación de que Rusia se olvidara del joven astronauta en órbita, razón por la cual este permaneció en la Mir más tiempo de lo previsto. Indudablemente, el nuevo escenario político de Moscú indujo a muchos a volver la vista atrás con otros ojos.

Así, en 1993 realizaron un documental de más de tres horas, para la Neva Films de San Petersburgo, sobre un tema que bien puede calificarse de escabroso: los trasfondos (o al menos parte de ellos) de la carrera espacial de la Unión Soviética a partir de los años cincuenta. Su autor, Yevgueni Mezentsev, se embarcó en un proyecto de coproducción televisiva entre Estados Unidos y la antigua Unión Soviética que jamás se llevó a cabo. Todo se fue a pique, pero, como dice Mezentsev:

> Cuando el KGB me dio permiso para ver una parte del material conservado en los archivos de la Sociedad Energía* para la construcción de vehículos espaciales, decidí seguir solo. Quería mostrarle a la gente que la conquista del espacio no consistió solamente en estrellitas de oro y aplausos, sino también en sangre, sudor y lágrimas.

Y de ahí salió el primer documental ruso sobre las misiones espaciales soviéticas realizado con material cedido por los archivos secretos de la Unión Soviética.

Así, 33 años después, sabemos que el camino al espacio tuvo para Moscú no pocos accidentes jamás declarados a lo largo del trayecto y un coste humano altísimo.

El primer accidente se produjo el 24 de octubre de 1960, y fue la explosión de un cohete propulsor en la rampa de lanzamiento del cosmódromo de Baikonur, en el Asia central soviética. En una película de gran dramatismo, se muestra cómo se desintegra el cohete en una hoguera enorme mientras las llamas envuelven numerosas figuras humanas que corren desordenadamente frente al objetivo, rodeado a su vez de un inmenso resplandor. Nadie había sabido nada de ello hasta hoy. Dos meses después del acci-

*Se refiere a la Corporación Espacial y Cohetes Energía S. P. Korolev, más conocida como RKK Energía. *(N. de la E.)*

dente, con una prontitud muy soviética, el diario *Pravda* hablaba del disgusto del Comité Central del Partido Comunista y del Consejo de Ministros por la trágica y temprana desaparición «a consecuencia de un accidente de aviación» del mariscal Nedelin, comandante jefe del sector de los misiles. Mientras enterraban con todos los honores al mariscal en las murallas del Kremlin, inhumaron en silencio a cincuenta y cuatro personas en el cementerio de Baikonur y, por otro lado, llevaron un número sin precisar de ataúdes a Kaliningrado.

En Occidente, todo el mundo sospechaba que las noticias de TASS que aparecían en los periódicos, en realidad, estaban lejos de ser el escenario típicamente triunfalista que la Unión Soviética exhibía ante el mundo, y eso también ocurría en el ámbito espacial. De los mil candidatos de la Unión Soviética, hombres y mujeres, seleccionados como potenciales astronautas en los años cincuenta, eligieron a unos doscientos, y de estos, solo veinte constituyeron el grupo de los predestinados al espacio. De ellos, utilizaron a doce, y de los otros ocho nunca más se supo. Es lo que sabemos hoy, aunque, en realidad, la información se remonta a 1977, a través de las indiscreciones del cosmonauta soviético Georgi Shonin. Este menciona en su libro a ocho compañeros «a los que no utilizaron en el desarrollo del programa espacial» e incluye sus nombres de pila: Valentin (júnior), Anatoli, Grigori, Iván, Valentin (sénior), Mars (un tártaro) y Dimitri. Hoy sabemos por las investigaciones de Mezentsev que el más joven de los veinte candidatos al espacio era un tal Valentin Bondarenko. Se trata del «Valentin júnior» que recuerda Shonin, y que falleció en un trágico accidente tres semanas antes del lanzamiento de Gagarin. Al finalizar una prueba en la cámara hiperbárica, Bondarenko estaba limpiando con un algodón humedecido en alcohol la gelatina en la que colocaban los electrodos para las pruebas médicas y se le cayó el algodón en el hornillo eléctrico donde se estaba calentando el té.

El espacio cerrado en que se encontraba estaba saturado de oxígeno, y quedó envuelto en una enorme llamarada. Bondarenko apenas sobrevivió unas horas, durante las cuales solo se preocupó de exculpar a los demás del accidente.

Mezentsev dice que, de haberse sabido el hecho, probablemente el accidente hasta cierto punto similar al de 1967 que causó la muerte de tres astronautas norteamericanos habría podido evitarse. Pero, como recuerda la periodista italiana Elena Doni, en los años sesenta y setenta, la preocupación por el secretismo era obsesiva en la Unión Soviética. Así, el grupo de pilotos con los que se entrenó Gagarin no sabía exactamente cuál era la «misión especial» para la que se preparaban y Serguéi Pávlovich Koroliov, el padre de la astronáutica rusa cuyos méritos fueron desconocidos hasta su muerte en 1965, trabajó siempre en secreto. Koroliov era un personaje singular; empezó a ocuparse de misiles en los años treinta, fue encarcelado y procesado, y luego lo rehabilitaron por completo y llegó a ser responsable del traslado a la Unión Soviética de las fábricas de misiles alemanas después de la guerra. Por algo los primeros misiles soviéticos R1 y R2 eran copias de los V1 y V2 alemanes. Koroliov practicaba la técnica y la religión de su país, pero cuando tres cosmonautas le pidieron que prolongara un día la misión en el espacio, respondió citando el *Hamlet* de Shakespeare: «Hay más cosas en el cielo y en la tierra, Horacio, de las que contempla tu filosofía».

A propósito de citas, no es menos sorprendente la de Gagarin en el momento de entrar en la cápsula espacial. Cuando le anuncian que será el primer cosmonauta, lo oímos pronunciar un eslogan: «Camaradas, abriré el camino del espacio y, si encuentro dificultades, las superaré, como todo buen comunista». Sin embargo, en el instante en que está a punto de dejar la Tierra, emergen en su interior recuerdos de sus lecturas de infancia y, desde lo alto de la rampa de lanzamiento, grita el lema de los tres mosqueteros de Alejandro Dumas: «Amigos, uno para todos y todos para uno».

Tras los días de vino y rosas en honor de Gagarin («Brézhnev olía muy fuerte a coñac del caro y a mí me apetecía beber un trago, pero no podía; todos tenían los ojos puestos en mí», contaría después), siguieron otros en honor del segundo astronauta, Titov, que en el documental también aparece medio ahogado por las flores y los besos en la boca de toda la nomenklatura de la época. En cambio, el tercer hombre que pisó el espacio, Neliúbov, iba a tener un destino trágico. Era un joven impaciente, que tenía el vicio de decir siempre lo que pensaba; lo expulsaron del equipo de astronautas y lo trasladaron a una pequeña base de Siberia, donde ni siquiera lo creían cuando decía que se había entrenado con Gagarin. Terminó debajo de un tren, borracho; tal vez fue un suicidio. «El secretismo es la madre de todas las mentiras —dice el autor del documental, Mezentsev—. Las noticias de accidentes y muertes circulaban entre los astronautas, pero estos se veían obligados a vivir en una ciudadela militar rodeada de una pared muy alta; prácticamente eran prisioneros de su misión.» Así, no trascendió al exterior ni una palabra de la explosión que por poco les costó la vida a Titov y a Strakal: el cohete propulsor se incendió en la rampa de lanzamiento, el sistema de emergencia eyectó hacia arriba la cápsula en la que iban los dos astronautas y pudo volver a tierra con el paracaídas. Tampoco trascendió la muerte de Komarov.

En las imágenes de los archivos secretos, vemos a Komarov muy pensativo, como si presintiera su fin inminente, mientras los demás, a su alrededor, cantan con el fin de «prepararlo espiritualmente» para su marcha. A continuación, vemos los restos envueltos en humo de su Soyuz 1, traicionada por los paracaídas, que se enrollaron y la dejaron caer a tierra como una piedra. Como subraya la periodista Elena Doni, no son menos dramáticas las imágenes de la recuperación de los cuerpos de la tripulación de la Soyuz 11: Dobrovolski, Volkov y Patsaiev tuvieron que controlar un principio de incendio a bordo durante el vuelo (los vemos hablar con la base, alarmados, y, de cabriola en cabriola, buscan en la cápsula de dónde procede el olor a quemado), pero llevaron a cabo la misión, convencidos de que la Soyuz no había sufrido daños. Sin embargo, durante la maniobra de regreso a la atmósfera, la nave ya no era hermética y los tres astronautas murieron a causa de lo que el locutor llama «el vuelo espacial». Vemos, con un inmenso prado de fondo, las imágenes de los médicos que se obstinan en seguir con el boca a boca y el masaje cardiaco, pero es en vano: los cuerpos de Dobrovolski, Volkov y Patsaiev estaban intactos, pero sin vida.

¿Quién tomó la decisión de dejar que se abrieran los archivos del Ministerio de Defensa? «Por lo que yo sé —dice Mezentsev—, fue Gorbachov en persona. Fue una decisión tomada en el clima de liberalización que determinaron las reformas de Gorbachov. Se difundió una aversión por las mentiras que nos habían contado durante décadas. El hombre que firmó los permisos de salida del material de los archivos secretos fue el general Shaposhnikov, entonces responsable de Aeronáutica, luego ministro de Defensa.»

«El camino de la perfección era largo y tuvo un coste muy alto», dice el locutor mientras vemos en la pequeña pantalla imágenes de la saga del espacio que realiza Mezentsev: astronautas metidos en sus escafandras, misiles que apuntan al cielo, generalotes con cuatro estrellas que premian a los colaboradores con grandes besos e interminables apretones de manos. Hasta ahora, todo el mundo ignoraba el coste en vidas humanas que pagó la Unión Soviética con el fin de ganar la primera fase de la batalla para conquistar el espacio.

Una batalla con ganadores *ad usum populi* condecorados como héroes de la Unión Soviética, pero también con muchos héroes desconocidos que hasta hoy no empezamos a entrever. Volviendo a las indiscreciones del cosmonauta Georgi Shonin, de los siete candidatos restantes que mencionó, sabemos que Valentin, Valentin sénior, Anatoli y Dimitri fueron excluidos por razones médicas. En cambio, no hay noticias de Grigori, ni de Iván ni del tártaro Mars, completamente desaparecidos en la nada.

¿Por qué?

No lo sabemos. Lo único que sabemos es que intentaron borrar literalmente su existencia, incluso de manera retrospectiva.

¿Afirmaciones osadas? En absoluto. Resulta muy significativa al respecto una foto de grupo de 1961, tomada en Sochi, en el mar Negro, en la que el padre de la astronáutica rusa moderna, Serguéi Koroliov, aparece con sus «polluelos» destinados a los vuelos espaciales. Entre estos, reconocemos a Gagarin, Shonin,

Nikolaiev y Titov; los otros cuatro rostros no son conocidos. Ahora bien, existen dos versiones de la instantánea: una con uno de los «cosmonautas no identificados» y otra sin él. Como era de esperar, la versión retocada de la que se borró cuidadosamente a nuestro «cosmonauta X» es la que se difundió en Occidente. Hoy sabemos que es falsa, pero ¿por qué censuraron a ese hombre de las fotos oficiales y eliminaron intencionalmente su memoria histórica de cara al futuro?

La técnica no es nueva, ya se había hecho en tiempos de Lenin. Como hemos dicho, existen fotografías de las que, mediante un retoque, se eliminó *a posteriori* la incómoda presencia de Lev Trotski. Una técnica que usaron más tarde los gobernantes filosoviéticos checoslovacos tras la invasión de 1968 de su país en nombre de la doctrina Brézhnev sobre la «soberanía limitada» de los Ejércitos de los países del Pacto de Varsovia, borrando de un plumazo a un incómodo Dubček de las fotos oficiales. Lo mismo hicieron los maoístas en China al eliminar todas las imágenes de la esposa del Gran Timonel tras la desaparición de la famosa Banda de los Cuatro. Así pues, no era nada nuevo en la Unión Soviética. Psicológicamente, las razones remotas de la operación resultan evidentes. Está claro que desean borrar la imagen de alguien que es un rival para los demás cosmonautas, empezando por Gagarin; y eso es porque quieren ocultar algún hecho inconfesable vinculado a ese hombre. ¿Cuál?

Solo puede haber una respuesta: una misión fallida. Tal vez antes de Gagarin. La idea de que otros astronautas precedieron a Gagarin en el espacio no es nueva. La prensa internacional habló de ello tras el comunicado que emitió el 21 de abril de 1961 (nueve días después del lanzamiento) el corresponsal de la Radio Francesa Eduard Bobrovski. Este declaró desde Moscú que, tres o cuatro días antes del lanzamiento del 12 de abril, precedió a Gagarin el coronel Serguéi Iliushin, hijo del famoso constructor aeronáutico soviético y piloto de pruebas de las Fuerzas Aéreas soviéticas. La misión no podía fracasar. Sin embargo, el coronel Iliushin sufrió durante el vuelo una serie de presiones que alteraron y deterioraron su equilibrio psicofísico hasta convertirlo en un desequilibrado. De ahí la absoluta necesidad de presentar al mundo a otro «héroe del cosmos»: Gagarin, el segundo hombre enviado al espacio. ¿Fantasías? Tal vez. Se dice que el hijo de Iliushin estaba ingresado en una clínica, pero fue a consecuencia de un accidente de coche. Luego, esta historia cayó en el olvido, pero queda un hecho incontestable, aparte de la primicia de Bobrovski. Dos días antes del lanzamiento de Gagarin, el periódico inglés *Daily Worker*, órgano del Partido Comunista británico, anticipaba la noticia, publicada en la edición del 11 de abril de 1961: un astronauta soviético había orbitado alrededor de la Tierra tres veces. El astronauta en cuestión, hijo de un conocido piloto de pruebas (¿Iliushin?), regresó a la Tierra vivo, pero con mala salud y tuvieron que ingresarlo enseguida en una clínica moscovita. El artículo daba como fecha del lanzamiento el 7 de abril.

Las autoridades soviéticas lo desmintieron, pero el periódico comunista inglés volvió a confirmar la noticia y aseguró que procedía «de una fuente segura». ¿Y bien?

Pues el caso es que la euforia por el éxito de Gagarin dejó todo eso en un segundo plano y al final se acabó olvidando.

Como observa Paolo Cortesi, en mayo de 1961 los rusos no lanzaron «oficialmente» ningún satélite ni vehículo espacial. El 12 de abril, Yuri Gagarin realizó en la Vostok I el primer vuelo orbital de 89,1 minutos. El día 27 del mismo mes, los estadounidenses lanzaron el Explorer XI. En mayo, ningún aparato terrestre surcaba el espacio sideral. ¿De quiénes eran aquellas voces? ¿De dónde venían? Más tarde, el 6 de agosto de 1961, el mayor Guerman Titov, en la Vostok II, realizó 17 órbitas terrestres en 35 horas y 18 minutos. ¿Los dos hombres y la mujer que durante cuatro días se comunicaron eran cosmonautas de una misión que, por motivos que tal vez no sabremos nunca, debía ser secreta?

El 14 de octubre de 1961 se captaron de nuevo las voces de dos hombres y una mujer. Las transmisiones en 20,005 megahercios se escucharon primero en Japón y luego también en las estaciones de radio europeas. Sin duda, las emisiones procedían de la estratosfera, parece que, de una distancia de 500 kilómetros, una altura jamás alcanzada antes (Gagarin había llegado a los 302 kilómetros; Titov, a 257). Como escribió un periódico de la época:

> La voz de un ruso con un timbre muy fuerte. De vez en cuando se interrumpía, luego continuaba. A veces, la voz del desconocido se oía jadeante y muy rápida; gritaba algo en respuesta a las preguntas que probablemente le hacían desde una estación central terrestre. Oímos con nitidez decenas de veces *da, da* («sí, sí») en respuesta a las preguntas. Y también *jarasho* («está bien») repetido en tono apremiante. En un momento dado, la voz lejana que difundía el amplificador se convirtió, para nuestra sorpresa, en una voz de mujer. Era muy clara, con inflexiones tranquilas y calmadas. Entre los siseos y los ruidos de fondo llamó varias veces, *allo, allo,* y añadió, dirigiéndose a los que escuchaban en las bases soviéticas: *spokoinoi nochi* («buenas noches»).

Paolo Cortesi nos recuerda que, a principios de noviembre de 1961, el *New York World Telegram* publicó un artículo para esclarecer el misterio de las voces rusas:

> Las autoridades estadounidenses han recibido información secreta según la cual la Unión Soviética lanzó y perdió en el espacio un enorme satélite con tres astronautas a bordo. El lanzamiento se produjo el 14 de octubre desde una base situada en Kapustin Yar, en Stalingrado. La nave cósmica soviética transmitió señales que se captaron en Tokio, Dakar, Sídney y Bochum. El centro japonés de investigación de ondas de radio calcula que la astronave, con dos hombres y una mujer a bordo, fue colocada en una órbita situada a una distancia de la Tierra de entre 400 y 480 kilómetros, es decir, la más alta que se ha intentado jamás. Los científicos creen que la órbita era demasiado alta y que, tras una vuelta alrededor de la Tierra, la nave cósmica se perdió en el espacio junto con sus tres pasajeros.

Si las noticias que dio el espionaje norteamericano eran ciertas, las voces grabadas entre siseos y sonidos de la reflexión ionosférica atestiguan una de las páginas más trágicas de la historia de la astronáutica, más sombría aún debido a la cortina de silencio que borró el heroísmo extremo de tres valientes astronautas que hoy siguen sin nombre.

La idea de que Gagarin no fue el primer hombre en el espacio también podría inferirse de otra constatación.

A pesar de lo que puedan decir, en la segunda mitad de los años cincuenta, durante el primer periodo de desarrollo de la astronáutica, el cohete R7, utilizado para lanzar los primeros satélites artificiales y las primeras sondas lunares de la Unión Soviética, no era en absoluto un modelo fiable, pues su porcentaje de éxitos se limitaba a un 50 por ciento. Además, en el caso de las misiones tripuladas, no tenía que funcionar bien únicamente el cohete, sino también la cápsula donde iba el cosmonauta. Pues bien, después del lanzamiento del Sputnik II (con la perra Laika a bordo) el 3 de noviembre de 1957, entre el lanzamiento del Sputnik V el 19 de agosto de 1960 (con los perros Strelka y Belka a bordo, junto con ratones, moscas y otros organismos terrestres, que regresaron indemnes), el del Sputnik VII (sin pasaje) el 4 de febrero de 1961 (precedido del fracaso del Sputnik VI con los perros Chelka y Muchka el 1 de diciembre de 1960) y el vuelo de Yuri Gagarin en la Vostok I el 12 de abril de 1961, tenemos un lapso temporal de unos ocho meses, durante los cuales la Unión Soviética no puso en órbita ningún vehículo espacial con organismos animales o humanos a bordo, cuando habría sido lógico hacerlo para afrontar las dificultades prácticas. Es algo objetivamente insólito, a menos que admitamos que los rusos no nos dijeron la verdad y que, en realidad, durante el prolongado lapso temporal hubo intentos fallidos que no se declararon, como sugieren las señales captadas y grabadas en Turín desde el centro de escucha de la Torre Bert.

Los hermanos Judica-Cordiglia no fueron los únicos en denunciar la existencia de cosmonautas rusos desaparecidos, aunque otros lo hicieron utilizando el arte como herramienta de expresión de una sospecha que difícilmente confirmarían jamás las autoridades rusas.

En Madrid, en la primavera de 1997, durante una exposición patrocinada por la Fundación Arte y Tecnología, un organismo no oficial llamado «Proyecto Sputnik» denunció, junto con el organizador de la muestra, el artista vanguardista Joan Fontcuberta, un hecho que no había aparecido en ninguna crónica de la carrera espacial soviética: la «olvidada» muerte en acto de servicio de uno de sus cosmonautas, que había terminado perdido en el espacio veintinueve años atrás. Era la historia de cierto coronel, Iván Istochnikov, que partió con una mascota, la perra Kloka, el 2 de octubre de 1968 a bordo de la nave espacial Soyuz 2, en una misión orbital que debería haber allanado el camino a los rusos para desembarcar en la Luna, algo que ocurriría ocho meses después con la misión estadounidense Apolo XI. El asunto llegó incluso a la portada del dominical del diario *El Mundo,* en mayo de 1997, donde se mostraba un primer plano del coronel Istochnikov sonriendo a cámara. El revuelo que esa revelación causó fue inmediato. Se llegó incluso a debatir que ese vuelo existió, pero que no hubo pérdidas humanas, y que la nave «solo» se perdió tras ser golpeada por un meteorito.

Era, en cualquier caso, una historia demasiado buena. Una que, además, se enmarcaba dentro de un contexto de accidentes comprobados ciertamente dramático. Solo un año y medio antes del ocultado vuelo de Istochnikov, la Soyuz 1 se estrelló trágicamente en la región soviética de Asia central mientras regresaba con Vladímir Komarov a bordo. Se esperaba entonces que la futura Soyuz 3 relanzara las misiones tripuladas rusas en la «carrera hacia la Luna» contra los estadounidenses. En los momentos álgidos del debate generado en Madrid, se llegó incluso a decir que el vuelo del coronel Istochnikov fue simplemente un «objetivo pasivo» para la Soyuz 3, pilotada por el cosmonauta Beregovoi y lanzada al espacio al día siguiente para acoplarse con la nave del olvidado mártir soviético. También se argumentó que durante aquel encuentro espacial previsto entre las dos Soyuz, la infortunada Soyuz 2 tuvo problemas y los ingenieros decidieron que volviera a la Tierra. Según el «proyecto Sputnik», la cápsula de descenso llegó al suelo reventada por el fatal impacto contra un meteorito, y no se encontró ni rastro de Istochnikov ni de Kloka. Probablemente, dijeron, tuvieron un trágico final; la presión debió de aplastarles y la despresurización del habitáculo maltrecho debió de impulsarlos al exterior con fatales consecuencias.

Prensa, radio y televisión se hicieron eco en España del drama durante días, e incluso fue objeto de debate en populares programas de televisión más de una década después. Y como si todo aquello fuera un eco más de lo vivido por los hermanos Judica-Cordiglia décadas antes, se argumentó también que el Kremlin había extendido una densa cortina de humo sobre el incidente, borrándolo definitivamente de la Historia. Los rusos tuvieron una poderosa razón para hacerlo: la muerte de un cosmonauta como Istochnikov habría tenido un efecto desastroso en aquel año de 1968, pues habría paralizado o ralentizado las misiones futuras, lo cual supondría dar demasiada ventaja a Estados Unidos en la carrera que libraban entonces.

Desde luego, esta sorprendente revelación no difería mucho de los hechos documentados gracias a las transmisiones desde el espacio que los hermanos Judica-Cordiglia recibieron y grabaron en la Torre Bert en aquellos años sesenta..., ¡pero resultó ser una completa invención!

Las imágenes de Istochnikov no eran, sino autorretratos del propio Joan Fontcuberta, y el «proyecto Sputnik» un término de su invención para justificar un trabajo que sirviera para denunciar cuán frágil es nuestra memoria histórica. Incluso el nombre tenía su truco: Iván era la versión rusa de Joan, e Istochnikov una aproximación al apellido catalán Fontcuberta o «fuente cubierta». Su hábil manipulación moderna de las imágenes, con recursos digitales impensables en la era soviética, hizo el resto. Incluso pese a que *El Mundo*, cuando publicó su relato, incluyera en un rincón perdido del mismo una frase esclarecedora que, sin embargo, pasó desapercibida para muchos lectores: «El reportaje que publicamos en páginas anteriores es fruto de su imaginación». La de Fontcuberta, claro.

De algún modo, podía concluirse que la historia de los Judica-Cordiglia seguía inspirando reacciones —ahora enmascaradas de arte—, tres décadas después de tener lugar... Como poco, sorprendente.

Más imágenes del «astronauta fantasma». Arriba, en el centro, entre Popóvich y Jrunov; en la foto pequeña, con el primer «peatón espacial», Leonov; abajo, el primero por la derecha, con Komarov y Bikovski en 1962.

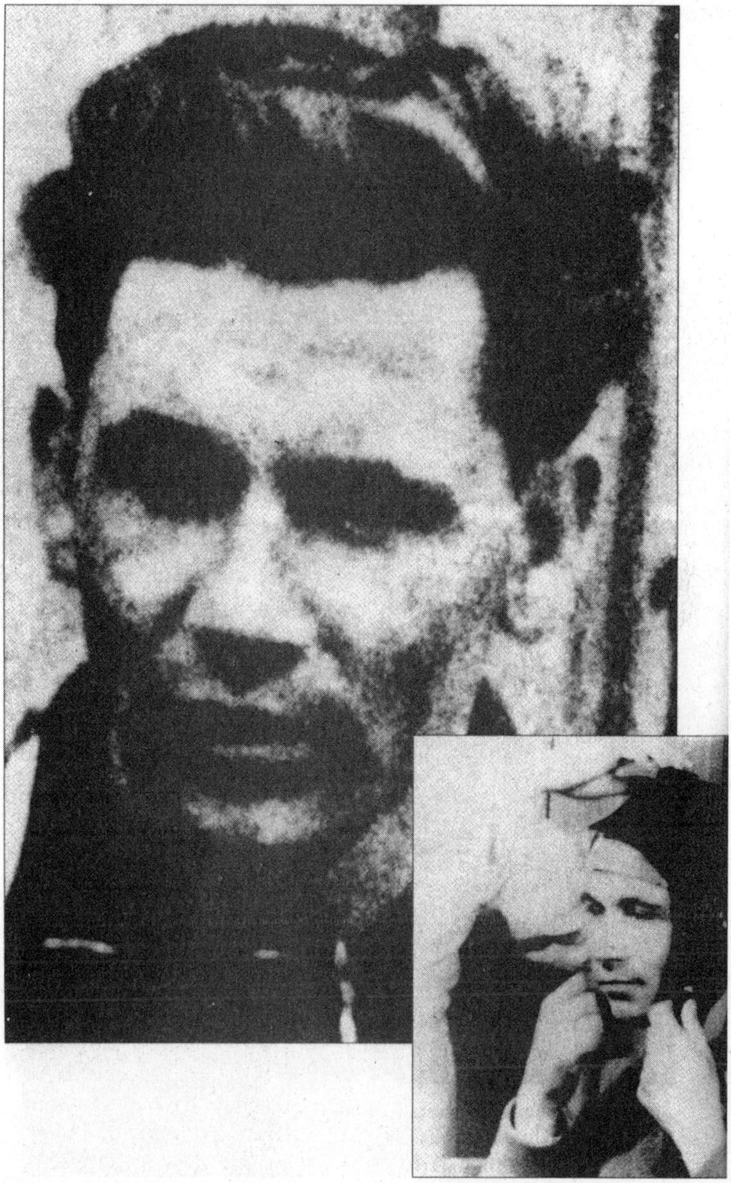

Dos imágenes más del astronauta no identificado. A la derecha, durante un entrenamiento en 1962.

Capítulo 4

NOMBRES OLVIDADOS

La noche del 10 de febrero de 1961, un portavoz oficial del Departamento de Defensa de Estados Unidos anunció algo sensacional a los periodistas reunidos en la sala de prensa de la Casa Blanca: «Un objeto aún sin identificar —dijo el funcionario, leyendo un comunicado conjunto del Pentágono y de la agencia aeroespacial— está rotando alrededor de la Tierra. Podría tratarse de un satélite artificial de origen soviético cuyo lanzamiento no se ha notificado». El comunicado precisa que el objeto misterioso, avistado en las estaciones de detección espacial de la Marina, no emitía ninguna señal de radio.

La presencia de un «satélite fantasma» que sobrevolaba periódicamente el territorio de Estados Unidos proyectó una sombra de inquietud en los norteamericanos. Como se decía en los ambientes competentes, tal vez fuera el primer intento soviético de poner en órbita clandestinamente un «satélite espía» provisto de un mecanismo fotográfico de rayos infrarrojos y de un aparato especial para transmitir a las bases de la Unión Soviética fotografías de las instalaciones militares estadounidenses. Al pasar por encima de América, el satélite se quedaba «mudo», esto es, no emitía ninguna señal de radio, con el fin de que resultara muy difícil localizarlo. En cambio, cuando se encontraba en territorio soviético, las estaciones de control podían «interrogarlo» para obtener los datos requeridos de tal manera que las estaciones de radio norteamericanas no captaran las radioseñales.

La hipótesis del «satélite espía» que permitiría a la Unión Soviética mantener constantemente vigilado el territorio de Estados

Unidos nunca pudo confirmarse. Y, para complicar más el asunto, poco después llegaron las revelaciones del profesor Walter Houston, de la Universidad de Kansas y miembro de la estación de control de Manhattan, que, según dijo, meses atrás había recibido el encargo de «no perder de vista» otros satélites no identificados.

> A juzgar por los datos recogidos en varias estaciones de avistamiento —afirmó el profesor Houston—, debemos considerar que hay seis objetos misteriosos en órbita alrededor de la Tierra. El verano pasado, la estación de Manhattan avistó uno que se movía a lo largo de una órbita muy alta respecto a la superficie terrestre.

El profesor Houston excluía que aquellos «fantasmas del espacio» fueran *garbage* (literalmente, «basura»), es decir, partes de misiles que habían entrado en órbita junto con los satélites, o bien satélites «mudos», esto es, con aparatos de radio que no funcionaban.

Hoy estas noticias vienen a confirmar no tanto las misiones de espionaje espacial como los intentos fallidos, por parte de los soviéticos, de lanzar seres humanos a bordo de satélites artificiales. Además, parece que la explosión de misiles en la plataforma de lanzamiento, al menos en el momento del despegue, no es un problema que tuvieran solo los norteamericanos. El coronel Barney Oldfield, del Departamento de Defensa Aérea estadounidense, declaró que los reconocimientos fotográficos de las aeronaves U-2 sobre las bases de lanzamiento soviéticas permitieron localizar enormes cohetes en cuyo lugar, en reconocimientos posteriores, solo aparecieron manchas de tierra quemada o revuelta, que hacían pensar en explosiones producidas en las rampas de lanzamiento.

Y, claro está, el contraespionaje estadounidense no podía quedarse de brazos cruzados, así es que recogieron la información necesaria y se la mandaron a su Gobierno. ¿Y cómo reaccionó Washington? No hubo ningún comentario a nivel político, pero no podemos pasar por alto la publicación, en 1962, de un informe titulado *Análisis de datos recogidos por el contraespionaje sobre los programas espaciales de la Unión Soviética*, que relata cómo los técnicos soviéticos sacrificaron la vida de seis cosmonautas antes de que Yuri Gagarin completara con éxito el primer vuelo en órbita alrededor de la Tierra.

El conocido columnista estadounidense Drew Pearson también cita los nombres y apellidos de esos desafortunados pioneros del espacio. Fueron Aleksis Lodovski (un as de la Segunda Guerra Mundial), Terenti Shiborin, Aleksis Belokoniov, Alekséi Grachov, Iván Kachur y Gennadi Zavodovski.

Al enterarse de tales noticias, Achille y Giovanni Battista Judica-Cordiglia, los dos jóvenes turineses que adquirieron fama internacional gracias a sus aparatos de escucha, que permitían captar y grabar las transmisiones de radio espaciales, sonrieron, complacidos. Ellos ya sabían todo eso y, en su momento, lo anunciaron a todo el mundo. Lo que revelaron el contraespionaje norteamericano y Drew Pearson no hace más que confirmar las teorías —reforzadas por numerosas pruebas celosamente custodiadas en sus archivos— de que los soviéticos, antes de Gagarin y Titov, lanzaron a otros cosmonautas que no regresaron a la Tierra.

Achille y Giovanni Battista no eran genios ni adivinos, solo eran dos jóvenes aficionados a la radiotécnica que, desde hacía años, se dedicaban a escuchar las señales emitidas durante y después de cada lanzamiento espacial.

Los dos hermanos le robaron al cielo (y a los científicos soviéticos) algunos secretos que constituyen un capítulo misterioso, trágico y alucinante de la conquista del cosmos. Al visitar el centro de escucha espacial de la Torre Bert que ellos construyeron y escuchar las cintas magnéticas que grabaron durante años de apasionado trabajo, revivimos los terribles momentos que transformaron «por lo menos» a cuatro cosmonautas soviéticos en cuatro cuerpos sin vida destinados a vagar en el espacio por toda la eternidad.

Además de recibir señales de satélites artificiales y de sondas espaciales norteamericanas y soviéticas, los hermanos Judica-Cordiglia poseen tres grabaciones de «voces del espacio» emitidas en fechas en que los soviéticos no habían anunciado ningún lanzamiento. Repetimos que obtuvieron la primera de estas recepciones excepcionales el 28 de noviembre de 1960 con las antenas orientadas a frecuencias de alrededor de veinte mil megaciclos (la longitud de onda que solían utilizar los soviéticos para sus transmisiones espaciales), cuando los dos hermanos oyeron, además del «bip, bip» habitual, otro sonido que indudablemente alguien transmitía mediante el alfabeto morse. La frase resultante, lacónica y trágica, decía «SOS SOS SOS FOR THE WHOLE WORLD», «SOS A TODO EL MUNDO». Oyeron los primeros tecleos en morse hacia las 13:45, y se repitieron, con la misma frase, hasta las 14:05. Después hubo un largo silencio hasta las 15:00 horas, cuando se repitió el mensaje por última vez. ¿Era la llamada desesperada de una persona que no podía seguir pilotando el vehículo espacial en el que se encontraba y que pedía ayuda al mundo entero? El físico alemán Kaminski, del Observatorio de Bochum (Alemania), captó el mismo mensaje y confirmó lo que habían grabado los hermanos Judica-Cordiglia con sus aparatos. Como hemos dicho, la segunda y clamorosa audición del centro de la Torre Bert se produjo el 2 de febrero de 1961. Los dos hermanos pusieron los aparatos en la frecuencia que solían emplear los soviéticos para sus transmisiones espaciales y, a las 21:55, además del ruido de fondo, oyeron un sonido indefinible. Poco a poco, la recepción se hizo más nítida y las cintas magnéticas de las grabadoras conectadas a los aparatos de radio registraron un «tamtán» convulso, cada vez más acelerado. Parecía el latido de un corazón humano, pero era una hipótesis tan fantasiosa que la descartaron al instante. El ruido misterioso duró hasta las 22:30. Luego desapareció para siempre. Entonces consultaron con el profesor Dogliotti, el célebre especialista en cirugía cardiaca, que no dudó en identificar el sonido con el latido esforzado de un corazón humano. En aquella ocasión, al igual que había sucedido el 20 de noviembre de 1960, los rusos tampoco anunciaron ningún lanzamiento espacial.

Hasta ese momento, se podían establecer todo tipo de hipótesis, pero faltaba probar que el SOS y el latido cardiaco procedían realmente de un ser humano. En cambio, en el diario de sus actividades de radioescucha espacial, los hermanos Judica-Cordiglia anotaron una fecha que se convertiría en memorable: el 17 de mayo de 1961.

Aquel día ambos empezaron a captar una larga conversación con todas las características de las misiones espaciales soviéticas, incluido el típico «efecto Doppler», un cambio aparente de longitud de onda de la luz o de una onda de radio cuando la fuente y el observador están en movimiento el uno respecto al otro. Además, la frecuencia en que recibían las señales seguía siendo la que solían usar los rusos para sus transmisiones espaciales.

Del 17 al 23 de mayo, Achille y Giovanni Battista Judica-Cordiglia permanecieron ininterrumpidamente a la escucha en sus aparatos. Oyeron y grabaron una serie de frases de contenido altamente dramático. Son fragmentos de conversación entre tres personas, dos hombres y una mujer que, tras viajar por el espacio una semana, no dieron más noticias. Como dijo en 1962 el periodista Livio Burato:

> Mientras oímos las frases que transmite la grabadora de la Torre Bert, no entendemos una palabra del contenido, porque hablan en ruso, pero las voces, en algunos momentos, adquieren tonos tan trágicos que, sin poder evitarlo, imaginamos a esos tres valientes pioneros del espacio corriendo hacia el infinito, como seres humanos conscientes de que no hay esperanza y resignados a su destino mortal.

Sus frases, que luego tradujo un intérprete de lengua rusa, a veces son confusas, interrumpidas por repentinas interferencias. Unas veces, claras y próximas, como si los cientos de miles de kilómetros de donde procedían se redujeran a pocas decenas de metros.

Esta es la traducción de una conversación captada los primeros días.

MUJER: Mira aquí, a la derecha, ten cuidado... Podemos hacerlo así.

HOMBRE: Ya, según los planes y los proyectos... Solo la técnica... Sí... Según el plan de instrucciones... ¿Por qué? ¿Tenemos que quedarnos?

Mujer: ¡Tened cuidado! Aunque todo está probado.

Hombre: No lo entiendo. Repetidlo. Sí, sí. Yo también pierdo peso. Entiendo, entiendo. Sí, entiendo. Pues nosotros vamos más rápido y seguimos como queráis... Sí, ¿así? Explicadlo. Sí, repetidlo...

Mujer: ¿La velocidad siempre es la misma? Ah, sí, así.

En la conversación intercalan a menudo frases como «a la derecha, a la izquierda, mirad a la izquierda, ¿lo veis? ¿Mantener el sitio? ¡No lo muevas!». En otra ocasión, los tres individuos hacen alusiones precisas al ambiente espacial.

Luego empieza a hablar un hombre en tono calmado:

Es la altura prevista. Las condiciones son las mejores. Repetid, repetid. Podemos probarlo todo, una vez más. ¿Me oís?

Luego, silencio durante unas horas. Cuando se reanuda el contacto, se oye una voz masculina con un tono distinto:

Las primeras noticias son claras, sois capaces de leer los instrumentos. Un momento... Las señales no son claras. Detrás de nosotros no se ve nada. No hay visibilidad. Repetid, las señales no son claras.

Después, mientras se alternan largas pausas, misteriosos silencios en los siete trágicos días de agonía, los hermanos Judica-Cordiglia graban estas frases.

Se oye un ruido confuso, no se distinguen las palabras, pero se distingue la voz de la mujer.

Voz masculina 1: Vamos, necesitamos una señal más para comprobarlo todo, luego comunicad los detalles.

Voz femenina *[se oye una frase incompleta]:* ... Todo está bien, está bien. Seré capaz de mantener la mano derecha y no cambiar de posición. Mira por la ventanilla.

Voz masculina 1 *[más inquieta]:* Responde claramente: ¿te acuerdas de todo? Pruébalo. ¿Por qué, por qué? ¿Cambiamos de posición? ... Hay algo, hablemos con quien dirige... ¿Me entiendes?

VOZ MASCULINA 2 *[débil]:* No lo entiendo... ¿sabes hacerlo todo? *[Ahora el tono es muy dramático].* No es nada, tenemos problemas. Mientras nosotros estudiamos un plan, vosotros vais... No lo entiendo bien, ¿tenemos que renunciar?...

Las palabras no se entienden bien, porque llegan entre jadeos: «¡No toques el verde! Justo en el cielo, demasiado oscuro, negro, no hay visibilidad...».

Se acerca el momento culminante de la tragedia: «Ya, bueno, esto el mundo no lo sabrá... A las ocho, hora de Moscú... Sí, adelante, está bien, está bien, entendido». Y luego nada.

«Los diálogos de los que hablamos no son el alumbramiento fantástico de una mente enferma», comentó en 1962 el periodista italiano Livio Burato tras escucharlos en Turín. Según fuentes oficiosas francesas, los dos hombres se llamaban Shibotin y Dolgov. Se desconoce el nombre de la mujer.

«Los tres seres humanos que vivieron tan trágica agonía durante una semana ahora estarán vagando por el espacio infinito, en busca de una estrella que les sirva de tumba», concluía subjetivamente Burato. ¿Y qué dijeron los hermanos Judica-Cordiglia?

En aquella época, nada. La política les impuso una cautela obligatoria y comprensible. Aparecieron unos funcionarios de la Oficina Política de la Comisaría de Turín y les sugirieron «discreción y responsabilidad». Y cuando, dos años después, Valentina Tereshkova entró en órbita, evitaron contradecir a nivel mediático la versión oficial soviética sobre la «primera» mujer que viajaba al espacio gracias a las victorias del comunismo soviético.

Por su parte, el Estado italiano, sorprendido por lo que habían conseguido (fuera de todo control) dos ciudadanos privados, solo podía, en nombre de ese clima de «coexistencia pacífica», apoyar la moderación, la prudencia y la discreción. En aquella época, el Partido Comunista italiano era el más importante de Europa occidental, y Roma, desde luego, no deseaba instrumentalizar los trapos sucios de la Unión Soviética. En todo caso, entre el 17 y el

23 de mayo de 1961, el centro de escucha de los hermanos Judica-Cordiglia en la Torre Bert captó una serie de señales del espacio en las frecuencias que solían utilizar los soviéticos durante sus misiones espaciales. Entre estas, destaca por su importancia y claridad la siguiente grabación.

Una transmisión que era parte de un diálogo por radio, realizada en fonía en lengua rusa, con una voz inequívocamente femenina.

> ... Cinco... Cuatro... Tres... Dos... Uno...
> ... Uno... Dos... Tres... Cuatro... Cinco...
> ... ¿Me oís?... ¿Me oís?... ¿Me oís?...
> ... ¡Escuchad!... ¡Escuchad!... ¿Me oís?...
> ... ¿Me oís? ¿Me oís?... ¡Hablad!... ¡Hablad!...
> ... ¡Tengo calor!... ¡Tengo calor!...
> ... ¿Cómo?... ¿Cuarenta y cinco?... ¿Cómo?...
> ... ¿Cuarenta y cinco?... Cincuenta...
> ... Sí... Sí... Sí... La respiración... La respiración...
> ... El oxígeno... El oxígeno...
> ... Tengo calor...
> ... ¿No es peligroso?
> ... Está todo...
> ... ¿Cómo está?... ¿Cómo? ... ¡Hablad!...
> ... ¿Cómo hay que transmitir?...
> ... Sí... Sí... Sí... ¿Cómo?
> ... Nuestra transmisión empieza ahora... Cuarenta y uno... ¿Cómo?...
> ... Cuarenta y uno... Así... Nuestra transmisión empieza ahora...
> ... Cuarenta y uno... Sí... ¡Tengo calor!... ¡Tengo calor!...
> ... Está todo... Está todo.
> ... ¡Tengo calor!... ¡Tengo calor!... ¡Tengo calor!...
> ... ¡Escuchad!... ¡Escuchad!... ¡Tengo calor!... ¡Veo una llama!... ¿Cómo?...
> ... ¡Veo una llama!... ¡Veo una llama!
> ... ¡Tengo calor!... ¡Tengo calor!...
> ... Treinta y dos... Treinta y dos... Cuarenta y uno... Cuarenta y uno...

... ¿Y me caeré?...
... Sí... Sí...
... ¡Tengo calor!... ¡Tengo calor!
... Volveré... Volveré... ¡Escucho!
... ¡¡¡Tengo calor!!!...

Es evidente, pues, que el vuelo de Valentina Tereshkova en la Vostok VI el 16 de junio de 1963 no fue el primero realizado por una mujer. Una compañera desconocida, cuyo fin debió de ser trágico, la precedió dos años antes.

Aparte de la información del contraespionaje estadounidense, ¿qué más podemos decir de esos «astronautas rusos no declarados»?

Para Moscú, el problema simplemente no existe.

Ni la Rusia soviética ni la Rusia «democrática» de Putin han dado nunca nombres.

En cambio, el semanario soviético *Ogoniok,* en el número 42 de octubre de 1959, muestra al cosmonauta Iván Kachur durante una prueba de vuelo espacial simulado. El mismo mes de octubre de 1959, en la publicación mensual *Sovietski Soyuz* aparecía una foto de Kachur en la «centrifugadora», sometido a las pruebas de superaceleración, parte integrante de su entrenamiento de cosmonauta. El hecho de que las fotos de Kachur aparecieran a la vez en dos medios sugiere que debía de ser uno de los alumnos más destacados del centro de entrenamiento para cosmonautas y, por tanto, uno de los preseleccionados para los primeros lanzamientos en órbita, aunque, desde ese momento no se supo nada más de él.

En 1959, en el número 42 de *Ogoniok,* apareció una segunda imagen. Muestra a otro cosmonauta, fotografiado a través de la ventanilla de la cámara de descompresión, donde está a punto de empezar una difícil y prolongada prueba de vuelo espacial simulado. Se trata de Alekséi Grachov, que recibe las últimas instrucciones de Andréi Smirnov, un especialista en «medicina cósmica». Así pues, los soviéticos rompían por primera vez el celoso secreto con el que habían rodeado hasta entonces sus preparativos para el vuelo humano en el espacio con la publicación de las fotografías y los nombres de algunos cosmonautas a quienes, presumiblemente, los expertos habían elegido con el fin de preparar a la opinión pública mundial para un gran acontecimiento que al final no se produjo.

Y eso no es todo. La agencia soviética TASS divulgó en junio de 1960 la fotografía de otro cosmonauta. La imagen muestra a Zavodovski entrenando en el interior de una cabina espacial similar a la que, un año después, sirvió como habitáculo para los vuelos de Gagarin y Titov. Tampoco hubo más noticias de Zavodovski. Es raro que estos pilotos, cuyos rostros y nombres la censura soviética permitió que se divulgaran, luego quedaran totalmente en la sombra. Habría sido razonable que ellos fueran las personas designadas para inaugurar los primeros vuelos humanos a bordo de satélites artificiales. Sin embargo, concedieron oficialmente ese privilegio a dos «desconocidos» como Gagarin y Titov. Lo cierto es que una declaración reciente de una alta personalidad de la cosmonáutica soviética (un diseñador de naves espaciales rusas) deja entrever que hubo varios intentos fallidos.

En el número 35 (agosto de 1960) de *Ogoniok*, se publicó la foto del cosmonauta Aleksis Belokoniov, con el último modelo de mono y casco para el vuelo. Los expertos occidentales consideraban inminente el primer lanzamiento en órbita de un hombre por parte de los soviéticos.

Pero el anuncio se produjo ocho meses después, con el plan de Yuri Gagarin. En las fotos de *Sovietski Soyuz* de noviembre de 1959, vemos al mismo Belokoniov en una cabina espacial, en los momentos en que se simula el choque con un pequeño meteorito que perfora el habitáculo. La secuencia fotográfica (de izquierda a derecha) muestra cómo, a causa del descenso de presión automático, el agua que contiene el vaso que Belokoniov tiene en la mano entra en ebullición, se evapora y, al instante, se disipa en el ambiente. El mismo fenómeno habrían sufrido la sangre y el resto de líquidos del cuerpo del cosmonauta de no haber ido protegido, como se ve, con el casco y el mono espacial.

Pero la «historia oficial» es otra, es la de Yuri Gagarin, con las grabaciones de su famosísima voz en la Torre Bert.

> Todo bien, camaradas... Perfecto..., ¿cómo?... Estoy siguiendo las instrucciones... Estoy al final de la primera vuelta.

En Turín no se puede grabar todo lo que dicen los cosmonautas. La voz solo llega cuando el satélite «sale» en nuestro horizonte, y desaparece cuando «se pone». Y, en aquella ocasión, solo fue posible poco antes de que Gagarin aterrizase.

Entretanto, los hermanos Judica-Cordiglia se trasladaron a un búnker abandonado por los alemanes al final de la guerra que el Ayuntamiento de Turín puso a su disposición. Allí empezaron a construir el radiotelescopio de la Torre Bert; lo hicieron con materiales usados y les costó setenta mil liras. Su radiotelescopio ganó el primer premio en el Salón de la Técnica y una medalla de oro, pero de dinero, nada. Luego tuvieron la primera ayuda de una empresa de Milán y pudieron trasladarse a un ala de la villa del siglo XVII de San Maurizio Canavese, donde su padre tenía una clínica. El taller creció: una sala de escucha, una sala «continua» para grabar señales, una sala de doblaje para las transcripciones, un laboratorio técnico, una cámara oscura, una sala de proyección y hasta una sala de prensa.

En las estanterías hay más de doscientas bobinas que Maria Teresa, la hermana menor que aprendió ruso para ello, ha traducido día a día, porque los intérpretes con los que trabajaban nunca se ponían de acuerdo; una vez llamaron a siete y les dieron siete traducciones distintas.

En 1968, en una entrevista para el semanario *Domenica del Corriere,* los Judica-Cordiglia consideran que ha llegado el momento de dar más información. Y le muestran al periodista Silvano Villani cuatro bobinas que «hielan la sangre».

Son las voces de los cosmonautas soviéticos perdidos en el espacio, de los que el mundo no había sabido nada más; el *Journal of America* era el único que había citado algunos de sus nombres: Shibotin, Dolgov, Zavodovski, Lodovski y Belokoniov.

«Seguro que aquí dentro están las demás —dice Achille Cordiglia, abriendo un armario cerrado con llave—, pero Teresa trabaja diez o doce horas al día, no puede hacer más.»

Coloca en la grabadora una bobina. Se oyen tres voces, dos masculinas, una femenina. Los dos hombres son Shibotin y Dolgov, a la mujer no la nombran.

«Hola, hola, aquí Shibotin... Sí, quinientos... ¿Cómo me recibís? Se trata del oxígeno..., oxígeno..., respiración, respiración... Entendido, lo subo.»

Interviene la voz de mujer: «Sí, sí... Tenéis razón, pero el tiempo es muy breve... No hay tiempo, no hay tiempo... Os oigo muy bajo... Hago un esfuerzo, hago un esfuerzo».

Los tres llevan un par de días en el espacio, es la octogésima sexta órbita. El último mensaje llega el 22 de mayo de 1961:

> **Mujer:** Escuchad, por favor... En el sitio establecido *[palabras en código, incomprensibles]*.
>
> **Dolgov:** Empiezo..., pero antes contestad... *[ruido prolongado, raro, que baja de intensidad, luego de nuevo la voz masculina]*. Es demasiado largo y demasiado fuerte..., para mí no es posible... Intentad pararlo..., paradlo, por favor... No hay otra manera... No encontramos nada... Casi terminado... ¿Por qué no contestas? Sí, sí, los datos, dos, once, ochenta... Sí, un momento, un momento, ¿cómo? ¿Condiciones pésimas? ¿Y ahora qué? ¿Qué?... Frenamos... Frenamos *[aquí la traducción es dudosa, también podría ser «vamos con retraso»]*... Por favor, transmite el número, por favor... No hay otra posibilidad, ¿lo entendéis?

El típico chirrido cierra la comunicación. Las voces no vuelven, la nave espacial no «sale» en el horizonte.

Ahora escuchamos la voz de Belokoniov, que rotó en el espacio del 8 al 12 de noviembre de 1962. Hasta unos días antes, los Judica-Cordiglia no se habían decidido a revelar estos nombres. La voz es opaca, tal vez pasa a través de un laringófono. Al principio suena tranquila, según pasan los días se vuelve más inquieta, hasta el grito final.

Cuidado, cuidado, he calculado el valor... Quizá se pueda dirigir hacia otro lado, eso espero... Cuidado con excederse en la prueba, podría ser peligroso *[silencio prolongado, no se capta la base desde la Torre Bert, hay una tormenta magnética y las frecuencias cambian]*. He realizado las filmaciones, qué maravilla... De acuerdo, me ocupo.

Al día siguiente, la voz de Belokoniov regresa, inquieta:

El giroscopio se ha estropeado... Todo es de color negro, muy negro... Partículas pequeñas, de dos o tres milímetros, agrupadas alrededor de la ventanilla *[un extraño fenómeno que luego también observarían los astronautas norteamericanos]*. Sí, lo intentaré, pero dudo que... Tengo frío, tengo mucho frío, no os lo podéis imaginar, la temperatura baja cada vez más... ¿De qué cohetes habláis?... Entendido, si puedo, lo haré, pero no creo, quizá más tarde, ahora cierro.

El 10 de noviembre, Belokoniov lleva en órbita dos días. Dice:

Os oigo muy mal... Sí, lo he intentado, pero la ventanilla no se abre... Los mandos responden mal... No sé si puedo, no lo sé.

Pasan unas horas:

Lo he conseguido, he tomado una muestra *[tal vez salió de la nave, como el coronel Leonov]*. No tengo peso, ¿lo entendéis?... No tiene peso... ¿Cómo es posible?... No lo puedo medir... ¿Radiaciones?... No lo había pensado... Muchísimas, muchísimas... ¿Son peligrosas?... Por supuesto, me ocupo... ¿Por qué no contestáis? ¡Maldita sea! ¿Por qué no contestáis? ¿Quién hace ese ruido? Oigo un ruido, ¿me oís?... Está bien, paso ya a los datos... 45, 32, 176, 111, 44..., 99. Células solares... he visto, pero ¿qué es?

Se hace un largo silencio.
La emisión continúa al día siguiente:

He dormido bien, pero estoy un poco desorientado... ¿El despertar?... Desequilibrado, no funciona bien, no os oigo, no os oigo... ¡Ah! Estoy, las baterías se han estropeado..., dentro también está oscuro.

La voz suena inquieta. Pasa un día, y llegamos al último:

> ¿Me oís? ¿Me oís? No funciona..., pruebo con las reservas... Ahora empiezo... El instrumental no marca nada, no funciona... no sin oxígeno, maldita sea... Por favor, compañeros... ¿cómo? ¿No puedo hacer nada? ¿Nada?

Belokoniov grita:

> Comprendedme, comprendedme, es una soledad atroz, terrible *[varias palabras incomprensibles]*, atroz, terrible..., frío..., oscuridad... He girado el manómetro... Marca poco, poquísimo... Hace tanto frío, compañeros...

La voz aumenta el tono, es desesperada, es un grito:

> Vuelvo a probar, esperad... no os vayáis, contestad, vuelvo a probar... Tendría que encenderse, tendría que encenderse, contestad... Tendría que encenderse *[ruidos metálicos seguidos]*. Esperad, no cerréis..., no cerréis..., contestadme, contestadme.

Se oye «tac-tac», como si picara en el micrófono con un dedo. Luego silencio. Los sonidos del espacio y nada más.

El 14 de abril de 1964, los soviéticos lanzan el Poljot II, que, según los comunicados de TASS, «lleva a bordo material científico». En los días siguientes, los Judica-Cordiglia captan una conversación desde la base, algo muy difícil, porque las frecuencias cambian continuamente en las bases. La nave no contesta): «Hay que arreglarlo de alguna manera... Viajan juntos... ¿Por qué no queréis anunciarlo? Ahora que Nikita está en Moscú..., todo irá bien».

El 23 de abril confirman que han lanzado otra nave con un hombre a bordo. Y hablan de nuevo desde la base: «Atención... a las estaciones... Hablad más claro y despacio... Cuidado con las bases de Estados Unidos... El Kremlin lo sabe... Cuidado».

Pasan unas horas. La voz llega entonces desde una altura de unos 187 kilómetros. Suena ansiosa: «¿Estáis seguros de que lo estáis haciendo bien? Vostok..., sí, Vostok... ¿Estáis seguros?... Claro que está fuera de la Vostok... Yo sigo leyendo los datos». Ahora se escucha una voz de mujer procedente de la base: «Hablad con Vigoja Valentin, decídselo... Entiendo, sí. Entendido..., pero en Moscú lo saben... desde que ocurrió... ¿Hola? ¿Me oís?

Desde el espacio se oye una voz de hombre: «¿Estáis seguros de que está ahí? ¿Seguro que está en la Vostok? Está bien, intento pasear..., al menos para hacer una prueba... Quizá sea así... Lo puedo intentar, seguro que puedo... A ver, pero ¿estáis seguros de que es así?».

Habla la mujer de la base: «¿Me oyes? ¿Me oyes? Contesta..., contesta..., habla... Estamos a la escucha. Habla, es que no contestas... Contesta... Contesta... ¿Qué pasa?... ¿Hola? ¿Hola?...».

Tal vez alguien estaba fuera de la Vostok. Y alguien debió de salir de la nave espacial que hablaba con la base un año antes de Leonov.

¿Cuántos intentos fallidos para llegar al éxito de hoy? No nos preguntamos si está bien, solo por qué los nombres de estas personas tan valientes deben ser desconocidos, como se preguntó Silvano Villani. El nombre de Belokoniov se añadió así a la lista de los 14 cosmonautas rusos que varias fuentes occidentales de la época dieron como muertos o desaparecidos en vuelos espaciales secretos. Vuelos no declarados por formar parte de actividades militares o de espionaje.

Como era de esperar, debido a ese aspecto implícito, la actividad de los hermanos Judica-Cordiglia fue boicoteada en su país por mero oportunismo político y la Unión Soviética se opuso por todos los medios a ella.

«Bandidos del espacio.»

Así llamaron los soviéticos a Achille y Giovanni Battista Judica-Cordiglia en *Krásnaya Zvezdá,* el periódico del Ministerio de Defensa ruso, el 7 de abril de 1965, y en *Izvestia,* el periódico moscovita más importante. Además, un agente del KGB fue a ver a los dos hermanos con extrañas propuestas, presentándose como periodista de la agencia de prensa soviética TASS. A lo largo de su increíble historia, los Judica-Cordiglia también se reunieron con agentes del Sifar, el contraespionaje italiano, y estuvieron en Washington, sentados alrededor de una mesa oval con agentes de la Central Intelligence Agency (CIA), la National Security Agency (NSA) y el Departamento de Estado, y también con funcionarios de la NASA, dialogando sobre las frecuencias espaciales rusas. Y, a pesar de todo, supieron rebatir sus argumentos golpe a golpe y sin giros teatrales fuera de lugar, pues comprendieron que estaban viviendo algo más grande que ellos y que cualquiera en Italia.

Que quede claro: la nueva visión que ellos aportaron sobre el plan espacial de los soviéticos, un plan dominado por la propaganda, la ideología y la instrumentalización de la ciencia, no desmerece el coraje de quienes ostentan, con o sin razón, ciertas primacías. Pero tampoco es justo que, como sucede en *1984* de George Orwell, un Estado totalitario reescriba la historia borrando la aportación de hombres heroicos y a la vez desafortunados, cuya desgracia ha sido fracasar o morir sirviéndolo con entusiasmo, generosidad y dedicación absolutas.

En conclusión, en la URSS muchos son los nombres que han surgido a lo largo de los años de cosmonautas que, supuestamente, perecieron en el espacio o desaparecieron repentinamente de la escena.

Estos nombres provienen de una amplia variedad de fuentes, algunas más fiables que otras. Los detallo aquí, pero sin que haya pruebas de su verdadera existencia.

Es posible, sin embargo, que el nombre de las personas cuya voz y latidos percibieron los hermanos Judica-Cordiglia se encuentren entre los de la lista.

Presuntos perdidos en vuelos suborbitales:

- ◊ Aleksei Ledovsky (finales de 1957)
- ◊ Serenti Shiborin (febrero de 1958)
- ◊ Andrei Mitkov (enero de 1959)

Se presume perdida en un avión propulsado por cohetes alados:

◊ Mirya Gromova (¿1959?)

Presuntos perdidos en vuelos orbitales:

◊ Piotr Dolgov (11 de octubre de 1960)
◊ Gennady Mikhailov (febrero de 1961)
◊ Alexis Graciov (diciembre de 1960)
◊ Alexis Belokoniov (15 de mayo de 1962)
◊ Iván Kachur (27 de septiembre de 1960)
◊ V. Zavadovsky
◊ ¿Ludmila? (1961)

Presuntamente perdidos durante el entrenamiento de cosmonautas:

◊ Valentin Bondarenko (1961)
◊ N. K. Nikitin
◊ Anatoly Tokov

Expulsados del Cuerpo de Cosmonautas o desaparecidos repentinamente de escena:

◊ Valentin Filatiev
◊ Grigori Nelyubov (1966)
◊ Ivan Anikeyev
◊ Mars Rofikov
◊ Valentin Varlamov
◊ Anatoly Kardashov
◊ Dmitri Zaikin

Serghei Khruschev, hijo del líder soviético Nikita Khruschev, obtuvo recientemente la ciudadanía estadounidense. Durante los años de la carrera espacial entre las dos superpotencias, Serghei

Khruschev trabajó para Vladimir Chelomei, el diseñador jefe soviético a cargo del desarrollo de propulsores y naves espaciales. Serghei Khruschev es actualmente investigador en la Universidad de Brown y ha confirmado la existencia de misiones «no oficiales» realizadas a principios de los años sesenta.

Pero también hay otros oficiales soviéticos que confirmaron, dando valiosa información, la existencia de estas primeras misiones: el coronel Yuri Lyzlov y el capitán Anatoli Grushenko, ya a cargo de las SSRF (Soviet Strategic Rocket Forces) estuvieron directamente involucrados en las misiones soviéticas, en el programa espacial en los años sesenta y setenta, participaron en la preparación de la misión de Vladimir Ilyushin y fueron testigos del lanzamiento de la cápsula *Rossyia*. Esta información también fue revelada por ellos en una reciente entrevista televisiva.

Creemos interesante, en aras de la exhaustividad de la información, señalar la reacción de algunos «expertos» en la historia de los programas espaciales soviéticos con respecto a las revelaciones que hoy también provienen de la Federación Rusa. Casi parece que quienes aceptaron durante décadas la versión oficial de las autoridades soviéticas todavía tienen muchas dificultades para cambiar sus posiciones dictadas, evidentemente, más por consideraciones ideológicas que por un análisis sereno de la realidad.

Está claro que la antigua Unión Soviética pagó con un alto precio en vidas humanas la conquista del espacio, un coste muy superior a lo que admitió y declaró. En 1992, el periodista Patrick Hesters presentó para la cadena de televisión francesa Antenne 2 un documental desconcertante, que mostraba, por ejemplo, cómo en Leninsk, la ciudad dormitorio de los astronautas, situada en la república centroasiática de Kazajistán, están enterrados en un cementerio semiabandonado decenas y decenas de «militares» víctimas de errores o accidentes en varios lanzamientos. Ni sus nombres ni las fechas de sus muertes constan en las listas «regulares» del Ejército Rojo o de las Fuerzas Aéreas soviéticas. En cuanto al citado desastre ocurrido el 24 de octubre de 1960 en el cosmódromo de Baikonur, merece la pena señalar que en el cementerio de Leninsk hay un discreto monumento funerario en recuerdo de las 165 víctimas. Que no fueron las únicas. Según noticias procedentes de Praga, se produjo otra catástrofe en una base de misiles secreta el 6 de mayo de 1962. En el accidente habrían fallecido los generales Gusev y Blagonravov y numerosos técnicos y militares.

También en Baikonur, en 1963, hubo otra explosión de un misil en la rampa de lanzamiento que provocó la muerte a 77 personas. Pero el accidente más grave sigue siendo el de 1960, en este cosmódromo de Kazajistán, que era la base principal de donde salían los cohetes soviéticos

Habían programado lanzar un misil de 2.200 toneladas, el prototipo del propulsor A-2 (el mismo que los norteamericanos llamaban «número uno» o «el monstruo»), que, el 3 de febrero de 1966 llevó la primera sonda a la Luna, la Lunik IX. El enorme cohete, de casi cincuenta metros de altura, estalló por los aires 66 segundos después del lanzamiento. Un diluvio de propelente en llamas y de fragmentos incandescentes cayó sobre la ciudad de Leninsk; según testimonios locales, hubo al menos trescientas cincuenta víctimas. Además de sus lápidas en el poblado cementerio de la ciudad kazaka, hoy queda la sección central del misil, que ha sido utilizada para hacer una pocilga. Un fin realmente indecoroso para semejante joya de la alta tecnología del otro lado del Telón.

En los años siguientes, hubo tres intentos más, con resultados igualmente desastrosos. Y, al final, los norteamericanos ganaron la «carrera a la Luna».

Por poco, tal vez.

Y hay quienes sostienen que Estados Unidos tampoco la ganó...

Florencia, 1992. El autor (a la izquierda) con el último astronauta de la antigua Unión Soviética, Serguéi Krikaliov.

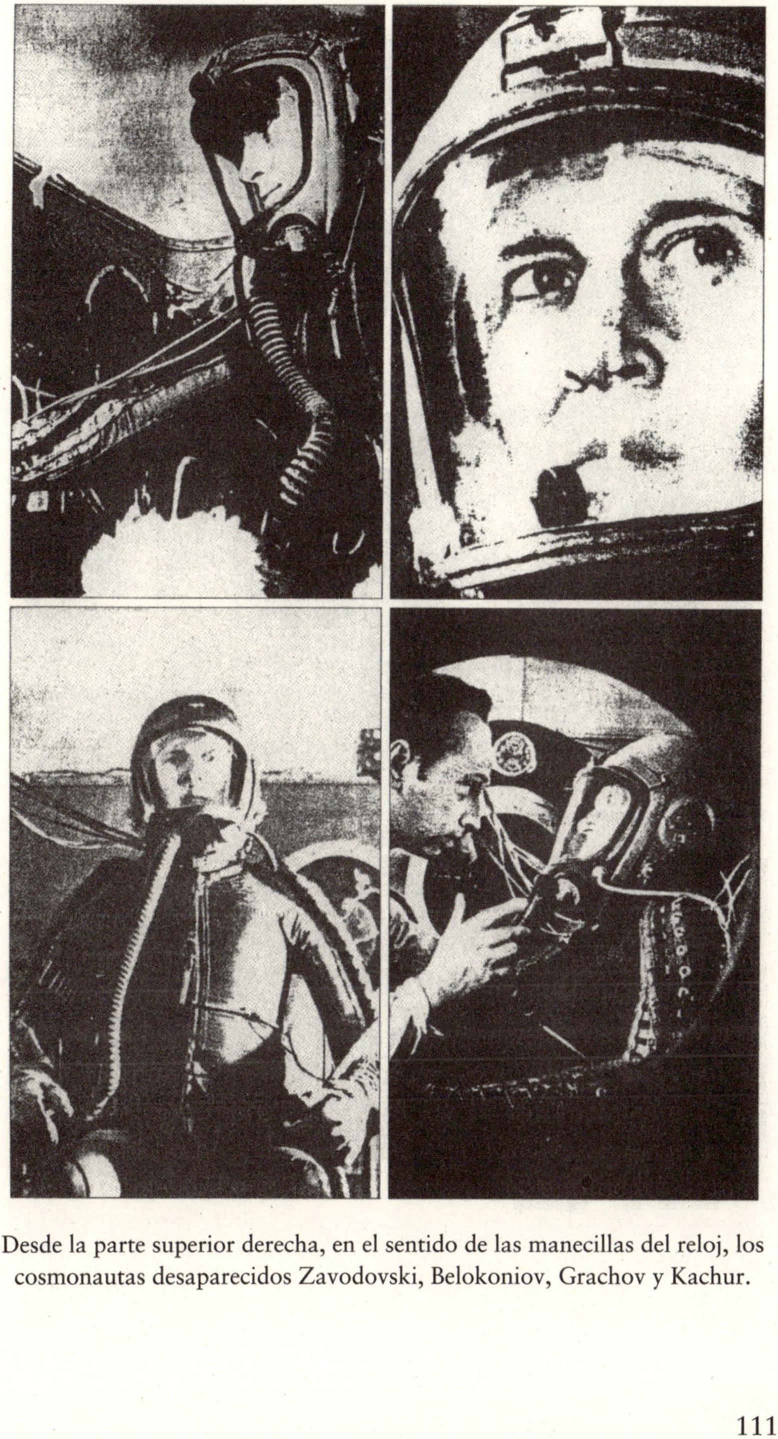

Desde la parte superior derecha, en el sentido de las manecillas del reloj, los cosmonautas desaparecidos Zavodovski, Belokoniov, Grachov y Kachur.

Capítulo 5

MOON CONSPIRACY: DE LOS ENGAÑOS LUNARES DE LA NASA A LA SOMBRA DE LOS ALIENÍGENAS

¿Y si no hubiéramos desembarcado nunca en la Luna?

Siempre nos hemos llenado la boca diciendo que en Estados Unidos están los paladines de la verdad y la libertad. La gente creyó ese cuento hasta que John Fitzgerald Kennedy fue asesinado (1963) y, con el *Informe Warren,* ciertas autoridades de Washington trataron de imponer la «verdad de Estado» más falsa y mentirosa, eliminando al presidente, al falso asesino y a decenas de testigos incómodos, todo para favorecer al «complejo militar e industrial» belicista e intervencionista y a los servicios de inteligencia vinculados a este último. No es casual que este entorno también estuviera conectado, a través de la NASA, con la carrera a la Luna. Un entorno que jamás, ni por error, tuvo puntos de contacto con la libertad ni con la verdad.

En los años 1999 y 2009, los medios de comunicación dedicaron el verano entero a un aniversario histórico: el desembarco lunar del Apolo XI. Desempolvaron para la ocasión el triunfalismo que la información de 1969 exhibió ante el mundo para celebrar ese gran hito, y pusieron el foco en los viejos protagonistas, que participaron en declaraciones, entrevistas y memorias. Solo que... ¿quién nos dice que todo eso es cierto? Eso fue lo que se preguntó un estadounidense, extécnico espacial, autor de un irreverente libro que solo puede definirse como «a contracorriente», teniendo en cuenta su título provocador y aparentemente absurdo: *We Never Went to the Moon [Nunca fuimos a la Luna],* escrito por Bill Kaysing.* Este excolaborador de la NASA sostiene que Estados Unidos «trucó» la última fase de la carrera a la Luna con la Unión Soviética, que hizo trampas descaradamente para ganar. En realidad, el ruidoso despegue del gigantesco Saturno V no llevó a nadie a nuestro satélite, pues la misión (y quizá también las siguientes del plan Apolo) habría sido una falsificación realizada en un estudio, en un auténtico plató de cine. Todo ello habría formado parte de un proyecto *top secret* establecido con la inteligencia estadounidense para desplazar al competidor soviético y bajarle definitivamente la moral, induciéndolo a desistir en el último momento de la titánica confrontación con Estados Unidos para desembarcar en la Luna. Un cuerpo celeste de ambiente hostil, desierto e inhabitable, sí, pero llegar hasta allí permitiría adquirir (sin tener que alardear necesariamente de ello en términos explícitos y altisonantes) una supremacía evidente e inequívoca sobre el adversario, tanto desde el punto de vista psicológico y de prestigio internacional como desde una perspectiva estratégica y militar. Al día siguiente del triunfo mundial e histórico de Estados Unidos, ¿quién iba a sacrificar más hombres, medios y energías solo para quedar segundo en una carrera que ya había ganado el odiado enemigo, y que, además, no garantizaba necesariamente el éxito? Desde luego, no la Unión Soviética, que jamás se había declarado segunda a lo largo de sus más de setenta años de historia.

Es un escenario tan increíble que parece sencillamente inconcebible.

Es fácil explicar el porqué. Un acontecimiento como la conquista de la Luna, un proyecto que había entrado de lleno en nuestro imaginario colectivo, adquirió unas dimensiones épicas y un valor casi mítico. Decir que el Apolo XI no se posó en la Luna sería como decir que Jesucristo murió de frío y no por el suplicio en la cruz. Y entonces deberíamos concluir que «ya no se puede creer en nada». Así pues, es lógico considerarlo todo como algo

* En colaboración con Randy Reid. *(N. de la E.)*

absurdo, y no atentar contra nuestra mentalidad convencional y adquirida.

Para la mayoría, empezando por los divertidos exponentes de la comunidad científica, la tesis de una simulación del Gobierno estadounidense es solo una maniobra publicitaria, un texto lleno de patrañas escrito para ingenuos. Según el periodista televisivo italiano Piero Angela, a la cabeza del *lobby* de inspiración escéptica conocido como Comitato Italiano per il Controllo delle Affermazioni sulle Pseudoscienze (CICAP), es un «libro para quienes creen en los Reyes Magos». «Mi consejo es no comprarlo», llegó a sugerir Angela explícitamente a los telespectadores italianos en el telediario TG2 de las 20:30 el 7 de enero de 1998.

En *We Never Went to the Moon,* Kaysing analiza meticulosamente una serie de detalles y de aparentes contradicciones del «directo emitido por televisión» del viaje a la Luna con los astronautas del Apolo XI: eran numerosas las discrepancias que sustentan su acusación de que la NASA montó en un estudio una simulación del desembarco que luego se transmitió como verdadero para excluir definitivamente a los jadeantes rusos de la carrera espacial. Recordemos que la idea no es nueva; de hecho, fue objeto de una buena película de ciencia ficción de Peter Hyams, *Capricornio Uno*, aunque el filme lo aplicaba todo a una futura misión de desembarco en Marte. El poder mistificador de la televisión daría cuerpo a un sueño que aún estaba por cumplirse. Porque las misiones siguientes (Apolo XII, Apolo XIV, Apolo XV, Apolo XVI, Apolo XVII) también serían un truco...

Como señala el experto en técnica fotográfica Claudio Cerquetti, mientras en todo el mundo proseguían las celebraciones del trigésimo aniversario de la primera misión lunar del Apolo XI, y se creaban loterías mundiales para hacerse con asientos en un transbordador de pasajeros que solo existía sobre el papel, el astronauta Edwin Aldrin, testigo de excepción, declaraba: «Fuimos, volveremos y vendréis con nosotros».

El verano de aquel aniversario nos bombardearon con imágenes de alunizajes transmitidas de un modo eufórico y psicodélico por todas las cadenas de televisión (Tito Stagno, con la voz cargada de emoción, habló en un telediario de «la hazaña lunar de Louis Armstrong», el famoso trompetista de *jazz,* en vez de decir Neil), y los mismos astronautas saltaban como marionetas inanimadas en el éter televisivo, de un canal a otro.

Tal vez aún no sea del dominio público, pero junto a estas celebraciones, corre en paralelo una línea de disensión alimentada por una duda, la duda que corroe, que lleva cuarenta años erosionando los cimientos de una estructura que cuesta cientos de miles de millones de dólares. Alguien afirma (mejor dicho, tiene el valor de afirmar) que Estados Unidos sencillamente se lo inventó todo acerca de los primeros proyectos lunares. Sí, lo han leído bien. Aquella noche del 20 de julio de 1969, millones de ojos ingenuos asistieron, boquiabiertos, al despegue de un cohete Saturno V... vacío. Según los detractores de la misión Apolo, en aquellos años, en el culmen de la carrera espacial, el público creía lo que quería creer (y hoy no ha cambiado), y, sobre todo, no estaba familiarizado con las tecnologías electrónicas de tratamiento de la imagen, es decir, a los trucos fotocinematográficos de alto nivel, entonces solo disponibles en el ámbito militar. O en Hollywood.

La historia de la «historia» parece una gran burla, una enorme mentira espacial. De ser cierto que Estados Unidos había simulado las misiones del Apolo como si se tratara de una farsa colosal, nos sentiríamos como si nos privaran de una parte de nuestro pasado, de un mito arraigado en nuestra alma, de un punto de referencia... que nos han dado los propios medios de comunicación. Si tuviéramos en cuenta, aunque fuera remotamente, la hipótesis de la simulación, eso «significaría que ya no creemos en nada». Exacto.

¿Una maniobra publicitaria?

Según la comunidad científica, la tesis de la simulación solo es una maniobra publicitaria para vender un libro lleno de patrañas, un dosier titulado *Nunca fuimos a la Luna,* que relata cómo se habría orquestado la burla más cara de la historia del periodismo.

Sin embargo, y dejando a un lado los dardos de Piero Angela, las revistas de fotografía más prestigiosas de Italia, como *Foto-*

grafia Reflex, Fotonotiziario, Il Fotografo, Fotografare y otras, coinciden al afirmar que hay algunas dudas, razón por la cual merece la pena ahondar en una historia que, por absurda que parezca, se basa en documentos objetivos. Según Bill Kaysing, autor del libro y exempleado de la NASA, las fotografías, de acuerdo con lo que publican las revistas de técnica fotográfica italianas y extranjeras, podrían haber sido falsificadas antes de difundirlas entre el público. Por otra parte, las rocas que aparecen en el suelo podrían no ser lunares, ya que en la Luna no descubrieron ningún elemento nuevo, solo nuevos compuestos de elementos ya conocidos. Por último, los instrumentos que hoy siguen transmitiendo de la Luna a la Tierra podrían haber sido depositados por sondas espaciales similares a las rusas. Así pues, la figura de los astronautas solo serviría a nivel simbólico, tal vez para plantar una bandera... que no proyecta ninguna sombra en el suelo.

Y se perfila una inquietante hipótesis: ¿y si las noticias sobre el hecho procedieran de una sola fuente, de la fuente que financió el acontecimiento, y dicha fuente fuese la única en el mundo que pudiera probar que el hecho en cuestión sucedió de veras? En términos periodísticos, una información no verificable está en la cuerda floja porque, como afirmó el periodista estadounidense Walter Cronkite: «En nuestra realidad mediática, cualquier hecho, como tal, solo existe en función del tipo de información so bre este que nos brindan los medios». Efectivamente, «un hecho existe solo por la información que nos presentan sobre él» (y no siempre tenemos que creerlo). Una píldora de sentido común que eliminaría cualquier relación entre la realidad y la interpretación de esta plasmada en cualquier canal mediático.

Recuerda muy oportunamente el citado Claudio Cerquetti que las misiones lunares, al menos en los años sesenta, se consideraban una prueba de la absoluta superioridad de la industria norteamericana con respecto al resto del mundo. En otros términos, «el orgullo de ser humanos que Estados Unidos ha regalado a toda la humanidad», como dijo Cronkite. Pero, para buena parte de la opinión pública, la frase que acabamos de citar solo es un puñado de buenas palabras. Como hemos señalado, también hay quien afirma con absoluta certeza que el hecho en cuestión fue un montaje.

Entre quienes sostienen la tesis del engaño de 30.000 millones de dólares, destaca, como es bien sabido, Bill Kaysing (o mejor, William Charles Kaysing, exingeniero de la Rocketdyne Research, la empresa que proyectó y produjo para la NASA los motores del Apolo XI), autor del *best seller* más a contracorriente jamás escrito, elocuente e inquietante desde el título, que sigue sorprendiendo a la opinión pública estadounidense. La obra, difundida en los años setenta, aunque no se publicó oficialmente en Estados Unidos hasta 1987, por fin llegó a Italia, editada con valentía por Cult Media Net de Roma.

Su autor, que murió en 2005 y llevó a juicio por difamación al astronauta del Apolo XIII James Lovell, sostiene que los norteamericanos, en 1969, aún no disponían de la tecnología suficiente para garantizar el éxito completo de la misión en la Luna y que nunca partieron para conquistarla, al menos no en el verano de 1969, ya que, después de la tragedia de 1967 en que fallecieron tres astronautas y del descubrimiento de los famosos 200 defectos del módulo de aterrizaje LEM, la NASA aplazó *sine die* todos los proyectos espaciales. Sin embargo, había que respetar la palabra de Kennedy («antes de 1970, un estadounidense pondrá los pies en la Luna y volverá a la Tierra sano y salvo»), lo cual justificaba el gasto colosal pagado por millones de contribuyentes en Estados Unidos.

El libro de Kaysing parte del análisis de las fotos oficiales de la NASA que supuestamente tomaron Neil Armstrong y el módulo lunar LEM en nuestro satélite natural, y señala una serie de errores fotográficos y técnicos, algunos de los cuales destapan un hábil montaje basado en artificios de estudio. Cerquetti recuerda los dos ejemplos más evidentes: la célebre foto de Armstrong admirando la bandera de las barras y estrellas donde esta, a diferencia del astronauta y del LEM, no proyecta ninguna sombra; y la imagen de la exploración espacial en el suelo lunar, iluminado por un haz de luz similar a un foco *spot,* que rompe de manera antinatural la uniformidad de lo que debería haber sido una iluminación solar «al infinito». Por no hablar de la ausencia de cráteres que el potente retrocohete que empleó el módulo de aterrizaje habría tenido que dejar en la superficie harinosa de la Luna, que, en cambio, estaba llena de marcas de *moon boots,* de botas lunares. El resto del libro plantea una serie interminable de preguntas provocadoras (debido a las cuales la Rocketdyne Research despidió al autor) que contribuyen a aumentar el misterio alrededor de una historia que, según demuestra Kaysing, posee demasiados puntos oscuros. Como la cuestión de las muertes «oficialmente» normales de ocho astronautas y de Thomas Baron, operario de la NASA y redactor en la época del supuesto desembarco lunar, de un dosier (resumido en el libro) en el que denunciaba que los cohetes de las cápsulas Apolo no eran fiables. A Baron y a su mujer los atropelló un tren en un paso a nivel.

En 1979, la tesis de Kaysing se utilizó como base para el argumento y el guion de la película *Capricornio Uno*. Por otra parte, se supone que la motivación del Gobierno estadounidense para dar ingentes ayudas económicas a Stanley Kubrick con el fin de que realizara *2001: una odisea del espacio* era la necesidad de experimentar con un año de antelación las soluciones técnicas y cinematográficas que, el mes de julio siguiente, permitirían llevar a escena la burla mundial de 30.000 millones de dólares que desbancó definitivamente a la Unión Soviética. En cualquier caso, hoy se sabe con certeza que algunas fotos que celebran el triunfal alunizaje norteamericano son imágenes retocadas. Parece que, en el pasado, y tras haber intentado desacreditar en vano a Bill Kaysing, la propia NASA admitió haber difundido cierto número de fotografías realizadas durante simulaciones en estudios, aunque sin especificar cuáles ni por qué. Además, según Kaysing, las condiciones climáticas extremas del satélite terrestre (en la Luna se pasa de más de 110 grados en las zonas de sol a menos de 120 grados en las zonas de sombra) crearon problemas tan serios a las cámaras de los astronautas que, una vez que regresaron a casa, sus supuestas imágenes lunares necesitaron varias intervenciones de posproducción para convertirse en «testimonios dignos del excepcional acontecimiento».

Quedan las dudas en torno a las cuales los críticos se han devanado los sesos a lo largo de décadas (Bill Kaysing no es el único, baste pensar en otro ensayo del mismo tipo, el célebre *NASA Mooned America!,* de Ralph Rene), así como las certezas que proponen los científicos vinculados a la máquina de guerra norteamericana (la NASA de la época era una entidad militarizada y, como tal, disfrutaba de los privilegios de un secretismo absoluto), que declaran que han ido a la Luna, y más de una vez. Pero no todos los estadounidenses piensan lo mismo; en un sondeo del *Washington Post* de 1994, el 30 por ciento de los entrevistados no creía las declaraciones de la NASA sobre las misiones lunares. Y lo mismo puede decirse de una estadística publicada en *Newsweek*. En este sentido, también hay un testimonio italiano que apoya las tesis del ingeniero escéptico: en el programa de televisión de la RAI que presentaba Lorenza Foschini, *Misteri,* Giulio Forti, el conocido editor de la revista *Fotografia Reflex* y autor de numerosos libros de fotografía, no dudó en responder con un categórico «sí» a la pregunta sobre la presunta falsedad de las fotografías oficiales de la NASA, una afirmación basada exclusivamente en valoraciones de carácter técnico. «Está comprobado que las fotos representan una situación que no es real. Ahora el problema es averiguar por qué se mostraron al mundo como auténticas», dijo.

Según Kaysing, no sería el primer caso ni el último en que una información que el público no puede comprobar de manera fiable se propone como verdadera y el público la acepta como tal. Desde luego, una puesta en escena como la lunar sería algo muy grave, una auténtica burla a la humanidad. Por eso muchos prefieren no pensar qué sucedió realmente; la caída de un mito siempre es dolorosa. No es cuestión de ciencia, dice Kaysing, sino de fe: si queréis, id a comprobarlo...

En cualquier caso, es sintomático el hecho de que, en noviembre de 2002, la NASA, sin nombrar a Kaysing, considerara oportuno emitir un comunicado oficial para especificar que Estados Unidos desembarcó realmente en la Luna y que cualquier interpretación distinta a tal realidad histórica carecía de fundamento.

Una reacción que a todo el mundo le pareció tan sorprendente como gratuita, y que recuerda el viejo proverbio latino: *excusatio non petita, accusatio manifesta...* Pero veamos qué dicen las revistas de técnica fotográfica a las que se preguntó por la hipótesis de Kaysing.

◊ *Fotografare,* n.º 8, 1989: «Mediante la técnica de inserción de subtítulos en la imagen, es posible crear pruebas de cosas que jamás han existido. Las famosas fotos de los norteamericanos en la Luna —por fin podemos contarlo— se hicieron en la Tierra, de noche, con iluminación artificial. Esto se ve claramente observando las fotos, pero la gente en masa creyó en las explicaciones que se difundieron».

◊ *Il Fotografo,* n.º 7, 1999: «Lo raro es que la bandera de las barras y estrellas plantada en la Luna, a diferencia del astronauta, no proyecta ninguna sombra. Una incongruencia que levanta sospechas».

◊ *Fotonotiziario,* 1998: «Lo que hizo sospechar que el asunto olía a chamusquina fueron las declaraciones embarazosas de testigos incómodos repentinamente desaparecidos y el análisis del material fotográfico que documenta las misiones lunares. Una observación atenta de las queridas y viejas fotografías de Aldrin y Armstrong, y de todos aquellos que los sucedieron vino a echar más leña al fuego, pues se veían incongruencias en las imágenes, como puntos de luz antinaturales y fuera de lugar, perspectivas falsas y detalles cuando menos raros dentro del paisaje lunar».

◊ *Foto Graphia,* n.º 7, 1999: «Los teóricos del falso desembarco en la Luna analizaron los datos y las imágenes, y concluyeron que aquello debió de ser una falsificación en toda regla. Todo es posible, y lo decimos nosotros, que estamos convencidos de que la fotografía en sí misma no documenta nada».

◊ *Reflex,* n.º 2, 1998, extraído del editorial titulado «La Luna y sus sombras»: «La experiencia nos dice que no es fácil dar la razón a la versión oficial [...]. Es un libro

> "contra", que despertará la curiosidad de los aficionados a la aeronáutica no solo por la información histórica y las cuestiones relativas a la propulsión, sino también por la convicción del autor de que la tecnología y la desorganización de la NASA (con 20.000 accidentes y fracasos) jamás habrían llevado a nadie a la Luna».

Planteémonos una serie de interrogantes legítimos.

¿Es posible que, en la Luna, las fotos salieran mal?

Las cámaras que utilizaban en la Luna contenían un material extremadamente valioso, la única prueba que convencería al mundo de la autenticidad de las misiones espaciales. Imágenes únicas, excepcionales, grabadas en película diapositiva y en negativo en blanco y negro. Pero, cuidado: las cámaras fotográficas pasaban de una temperatura de alrededor de ciento diez grados positivos en las zonas expuestas a la luz solar directa a 120 grados negativos en las zonas de sombra. Imaginen el estrés térmico que debía de sufrir un material tan delicado como una emulsión fotográfica (por no hablar de las radiaciones y los rayos cósmicos, que, según los defensores de la impostura de la NASA, habrían atravesado los monos espaciales y las cámaras como cuchillos la mantequilla, haciendo una buena fritanga...). Por eso hay incluso quienes sostienen que los astronautas fueron realmente a la Luna..., pero que volvieron con fotos que había que tirar y difundieron material de archivo que habían realizado en la Tierra.

¿Por qué los fondos parecen falsos?

En algunas escenas iluminadas a contraluz, el efecto de luz rasante (sensación de relieve, sombras largas y muy netas) solo aparece en las figuras que están en primer plano, no en el fondo, que parece un drapeado hecho con pintura.

Además, en algunos casos, da la sensación de que hayan cortado con un cuchillo las montañas: si bien están desenfocadas, muestran un margen que se recorta de un modo demasiado nítido contra el cielo (¿?) negro.

¿Dónde están las estrellas?

En la Tierra, las estrellas se ven mucho más brillantes en alta montaña que en la llanura. Y hay muchas más. En este caso, los rayos de luz atraviesan una capa reducida de atmósfera mucho menos densa que la media. En la Luna, en el vacío absoluto, las estrellas probablemente aparecen muy brillantes y su número se multiplica por diez. Empleando un tiempo de 1/60 a f/2 para sacar las fotos (como aconseja Houston para tomar fotografías a la sombra), las imágenes deberían mostrar un fondo de estrellas deslumbrante.

En casi todas las fotografías, la superficie lunar no está iluminada de manera uniforme.

Sin nubes y con el sol en el infinito, la llanura donde habría aterrizado el LEM (el Mar de la Tranquilidad, tan grande como la isla de Cerdeña) debería verse iluminada con la misma intensidad. En cambio, en muchas imágenes, el astronauta aparece iluminado por los rayos de un reflector cuya luz no llega al fondo, que se funde en la oscuridad.

Ante las declaraciones de pública beligerancia de su exempleado, la NASA intentó en varias ocasiones —y, según la comunidad científica, con razón— ridiculizar sus tesis. Aquí tenemos un ejemplo de diálogo entre el autor y los defensores del proyecto Apolo.

> NASA: Los astronautas fueron siete veces a la Luna y, durante una misión, dejaron un espejo apuntando a la Tierra, que refleja un rayo láser utilizado para medir la distancia entre la Tierra y la Luna.
>
> KAYSING: Las sondas sin tripulación siempre han hecho milagros en cuestión de puntería automática, incluso años antes de los

viajes lunares. El espejo pudo llevarlo un robot. Además, el único organismo que organizó las misiones y que tiene la posibilidad de gestionar y controlar totalmente la información sobre los viajes lunares es el que nos dice que fueron siete veces. ¿Y si el primer viaje realizado casi con éxito hubiera sido el del Apolo XIII y no el del Apolo XI?

NASA: Las estrellas no se ven porque se utilizó un tiempo de exposición demasiado rápido para registrar la luz.

Kaysing: 1/60 segundos a f/2, la exposición que le aconsejaron a Aldrin desde la Tierra para filmar a la sombra, podía haber sido suficiente, en ausencia de atmósfera, al menos para que salieran las estrellas más luminosas, como Sirio.

NASA: ¿Y hoy? ¿Las filmaciones desde el transbordador?

Kaysing: Los materiales no son los mismos. Hay películas menos sensibles y, sobre todo, se trata de fotografía electrónica, estilo vídeo, no química.

NASA: Kaysing, ¿cree que la NASA habría cometido errores fotográficos y simulaciones tan torpes?

Kaysing: Supongo que la organización debía mostrar enseguida algo a ese público que había desembolsado 30.000 millones de dólares. Por eso enseñaron esas imágenes. Podían justificar las posibles críticas como lo están haciendo hoy. La Luna es un mito y no se discute. Y, si no nos creen, vayan a comprobarlo.

NASA: ¿Y también cree que las filmaciones son falsas?

Kaysing: No era difícil usar la cámara lenta, unos cables de sujeción borrados (los vídeos eran de una calidad muy baja y se habían retocado con poco cuidado) y unos efectos especiales de cine estilo *Capricornio Uno* y *2001: una odisea del espacio*.

NASA: ¿Y qué me dice de las rocas lunares que trajeron a la Tierra?

Kaysing: En la Luna no descubrieron ningún elemento nuevo, solo compuestos nuevos, como los diamantes sintéticos y las nuevas aleaciones que, a determinadas presiones y temperaturas, pueden crearse *ex novo*. Y luego están las tectitas, rocas lunares de origen meteórico, muy frecuentes en nuestro planeta. Basta encontrar una tectita y afirmar que se cogió en la Luna.

Se mostró de acuerdo con esta tesis Cesare Falessi, periodista en el ámbito aeroespacial desde hacía cincuenta años, expresidente de la Unione Giornalisti Aerospaziali Italiani y director de una revista de astronáutica en los años de las misiones Apolo. Falessi realizó la crónica del alunizaje para las noticias de la radio del tercer programa de la RAI, el periódico *Il Giornale d'Italia* y la Agenzia Italia. Según declaró en el programa *Misteri* de Lorenza Foschini, las rocas lunares no son necesariamente una prueba irrebatible.

> NASA: Y los rusos, ¿no habrían descubierto el engaño?
>
> KAYSING: Para empezar, los rusos tenían sus propios trapos sucios (hoy sabemos que Gagarin no fue el primero que estuvo en órbita, solo fue el primero que volvió para contarlo), y luego, no debemos excluir que entre las cúpulas de Estados Unidos y la Unión Soviética, en tiempos de la Guerra Fría, hubiera un acuerdo de no beligerancia en algunos aspectos de su enfrentamiento.

En definitiva, según los detractores de las misiones Apolo, hay respuestas para todo. Es una cuestión de fe, no de ciencia. Desde el punto de vista técnico, hay quien afirma que las cámaras no estaban protegidas contra los rayos X, mucho más intensos en el espacio que los que transmiten las máquinas de los aeropuertos. Además, el motor de la Hasselblad difícilmente habría podido funcionar a ciento veinte grados bajo cero.

¿La resistencia de la emulsión? ¿Y qué pasa con las baterías? ¿Y la película Ektachrome, que pasaba de una temperatura de 120 grados bajo cero (a la sombra) a más de 110 grados centígrados (al sol)? La cámara no estaba protegida para soportar esas tensiones...

¿Qué se dijo de todo esto?

Según se publicó en *X-Factor,* n.º 3, edición del Istituto Geografico De Agostini: «Los defensores de la teoría del engaño creen que la NASA, al darse cuenta de que aún no poseía la tecnología suficiente para enviar al hombre a la Luna en condiciones de seguridad, decidió realizar alunizajes falsos. Ello bastaba para anotarse un buen tanto en la propaganda contra los soviéticos y obtener financiación para llevar a cabo sus verdaderos proyectos espaciales».

Y en *Wired*, famosa revista mensual norteamericana, n.º 9, de 1994, se publicó:

> ¿Seguro que hace 25 años fuimos a la Luna?
>
> ¿Están ustedes seguros? Millones de estadounidenses creen que las misiones lunares fueron un timo de 25.000 millones de dólares, una tomadura de pelo que perpetró la NASA con las últimas tecnologías en el campo de la comunicación y los mejores efectos especiales. [...] Según *Newsweek*, el mayor escepticismo procede de los guetos de Washington D. C., donde la mitad de los entrevistados dudaron de la autenticidad de la historia de Neil Armstrong.

Y la edición italiana de *Nexus*, n.º 2, de 1995:

> Las alusiones a trucos fotográficos siembran la duda acerca de la autenticidad de algunas misiones lunares con tripulación efectuadas por la NASA.

En *Il Tempo*, del 22 de diciembre de 1997:

> ¿El motivo de la mastodóntica puesta en escena? La vieja promesa de Kennedy: antes de 1970, un norteamericano pondrá los pies en la Luna, como epílogo a la necesaria carrera espacial contra los soviéticos. La película *Capricornio Uno* estaba inspirada en la versión estadounidense del libro.

En *Il Giornale*, también del 22 de diciembre de 1997:

> Hay quintales de rocas lunares esparcidas por los museos de todo el mundo. Según el polémico escritor, no son más que piedras terrestres que los impostores nos ofrecen para que las adoremos.

En *Il Resto del Carlino, Il Giorno, La Nazione,* del 14 de enero de 1998:

> El análisis de las fotos es el punto fuerte del libro. Al examinar las imágenes, descubrimos que el IFM (el módulo lunar) no se ensució ni con una sola partícula de polvo, y que bajo la nave espacial no hay ni rastro del cráter que los retrocohetes habrían tenido que cavar.

En *Storia Illustrata,* n.º 2, 1998:

> Bill Kaysing, exdirector de publicaciones técnicas de la empresa que construía los cohetes que aquel 21 de julio de 1969 permitieron el alunizaje, ha reunido numerosas pruebas fotográficas, científicas y políticas, además de documentos y entrevistas, que muestran una costosa puesta en escena.

En *Fotografare,* n.º 8, 1989:

> Por fin lo podemos contar: las famosas fotos de los norteamericanos en la Luna se hicieron en la Tierra, de noche, con iluminación artificial. Esto se ve claramente observando las fotos, pero la gente en masa creyó las explicaciones que difundieron.

En la edición italiana de *Nexus,* n.º 1, 1998:

> Hay buenos informes sobre las increíbles carencias del proyecto Apolo, citemos tres en particular: el de un general de aviación, el de un concienzudo inspector (Thomas Baron, muerto en circunstancias misteriosas tras declarar ante la comisión de investigación) y el de uno de los tres astronautas, el veterano Gus Grissom.

Grissom murió carbonizado en el accidente del Apolo del 28 de enero de 1967.

Y en *TG-2*, de la RAI, el 11 de enero de 1998, a las 20:30 horas: «Les aconsejamos que no compren este libro. Piero Angela». Y cuando el representante televisivo de un *lobby* cientificista académico y de poder como el famoso CICAP actúa como un censor declarado, significa que el objeto de su atención posee algún valor...

Y la lista podría continuar.

Como puede verse, aparte del inefablemente ultraescéptico Piero Angela, nadie liquida el tema, es así de simple. ¿A qué conclusión podemos llegar?

Personalmente, y a pesar de las contradicciones y las evidentes falsificaciones del organismo espacial norteamericano, yo creo que los estadounidenses sí llegaron a la Luna. Con todo, no podemos ignorar lo que escribe Kaysing y, en consecuencia, ello nos autoriza a concluir, basándonos en los hechos, que en ningún caso las cosas fueron como nos las contaron.

Además, no podemos confiar en las declaraciones de la NASA, porque está implicada en el ámbito del Departamento de Defensa en una serie de actividades secretas o no declaradas de carácter militar, y también porque está claro que difundió información y material falsos. Entre ellos, indudablemente, están ciertas fotos del desembarco lunar que no se ajustan a la realidad y que son fruto de una manipulación premeditada. De todo ello, y admitiendo que, aun así, llegaron a la Luna, se infiere que hubo dos situaciones posibles, y ninguna de ellas es tranquilizadora:

a. El desembarco en la Luna no se produjo ni en el momento ni de la manera que conocemos, y las manipulaciones, en algunos casos torpes, vinieron impuestas por determinadas situaciones, con el fin de confirmar la versión oficial.
b. El desembarco en la Luna se produjo en el momento y de la manera que conocemos, pero hubo hechos y elementos que decidieron no comunicar al público, y las fotos falsas pretenden tapar todo eso *(cover up)*.

Ahora es lógico preguntarse qué hechos y qué elementos del espacio y de la Luna decidieron no comunicar al público. Es evidente que solo puede haber una respuesta: *actividades o presencias extraterrestres inteligentes, potencialmente capaces de alar-*

mar a la opinión pública mundial y de desestabilizar nuestra visión antropocéntrica del mundo.

Así pues, ¿lo que Kaysing llama Apollo Simulation Project (ASP) está relacionado con la tendencia a tapar los ovnis de la que tanto se habla en Estados Unidos? Resulta inquietante que el ASP se implementase con ayuda de la NSA, la Defense Intelligence Agency (DIA) y la CIA en el llamado Nevada Test Site (NTS, o Sitio de Pruebas de Nevada), adyacente o dentro de la famosa Área 51, muy conocida también por sus vínculos con la cuestión de los ovnis. Así pues, ¿las falsificaciones sobre los desembarcos lunares tienen que ver con el incómodo problema de los ovnis, que siempre ha sido una piedra en el zapato para la inteligencia estadounidense?

En realidad, para el organismo espacial norteamericano, nuestro satélite siempre ha sido el epicentro de numerosos misterios. En particular, las seis expediciones lunares estadounidenses que tuvieron un buen fin (Apolo XI, XII, XIV, XV, XVI y XVII; la del Apolo XIII podía haber concluido trágicamente, pero se canceló y los tres astronautas consiguieron volver *in extremis*) suscitaron no pocos interrogantes.

Por ejemplo, a veces se ha relacionado el histórico desembarco de Armstrong y Aldrin el 21 de julio de 1969 con la afirmación de que varias estaciones receptoras terrestres de frecuencia ultrarrápida (UHF) habrían captado, antes de que la NASA las suprimiera del programa de televisión que retransmitió el descenso del Apolo XI a la superficie selenita, unas frases desconcertantes que pronunciaron los astronautas estadounidenses en la Luna. Las palabras textuales de Armstrong habrían sido: «*What was it? What the hell was it? That's all I want to know*» («¿Qué era? ¿Qué diablos era? Es todo lo que quiero saber»).

«*What's there...? Malfunction... Mission control calling Apollo XI...*» («¿Qué pasa...? No funciona... Control de misión llama a Apolo XI...»), habría dicho tras unos instantes de confusión el controlador terrestre de la NASA, con interrupciones debidas a la mala recepción.

«*These babies were huge, sir... Enormous... Oh, God, you wouldn't believe it!*» («Esas criaturas son gigantescas, señor... Enormes... ¡Oh, Dios, no os lo vais a creer!»).

Y luego: «*I'm telling you there are other spacecraft out there... Lined up on the far side of the crater edge... They're on the moon watching us...*» («Os digo que hay más astronaves ahí abajo... Alineadas en el lado extremo del borde del cráter... Están en la Luna observándonos...»).

Eso es todo. Probablemente, lo último que podemos esperar es que nos confirmen tales indiscreciones.

Así pues, ¿sobre las falsificaciones fotográficas de la NASA se cierne la sombra de los ovnis y de las numerosas alusiones a criaturas extrañas que hicieron los astronautas?

«Vimos venir hacia nosotros un cuerpo luminoso con el que nos cruzamos; iba en dirección opuesta a nuestra estación espacial Mir. Era como una bola de fuego, una fuente de luz cambiante, iridiscente. Recordaba un poco las luces de un árbol de Navidad. Era esférica o esferoidal. El avistamiento duró unos siete segundos, creo, menos de diez. Era un objeto que no pude identificar y que no tendría que haber estado allí», declaró Gennadi Strekalov, oficial piloto, astronauta y dos veces héroe de la Unión Soviética.

«Ocurrió el 5 de mayo de 1981, hacia las seis de la tarde. En aquel momento, con la Soyuz 6, estábamos en la zona de Sudáfrica, y luego en la del océano Índico... El objeto latía, y era como si rotase sobre sí mismo. Luego, mientras proseguía su marcha con un movimiento rectilíneo, hubo una doble explosión de luz dorada, y vimos frente a nosotros dos esferas luminosas... Entonces, la astronave entró en la oscuridad y no vimos nada más», afirmó Vladímir Kovalionok, oficial piloto, astronauta y héroe de la Unión Soviética.

¿Y los astronautas de Estados Unidos?

Como declaró Brian O'Leary, profesor de Física y Astrónomo de la Universidad de Princeton y astronauta de la NASA: «El doctor Josef Allen Hynek (exconsultor científico del Project Blue Book sobre los ovnis de la Fuerza Aérea de Estados Unidos (USAF) era astrónomo, como yo. Su bagaje cultural es muy similar al mío. Durante muchos años fue profesor de Astronomía, igual que yo. Entre otras cosas, dijo que la investigación sobre los ovnis, contra todo pronóstico, nos llevaría a la ciencia del siglo XXI. Al igual que Hynek, traté de minimizar la realidad del fenómeno ovni, y, lo mismo que él, llegué a lo opuesto».

Gordon Cooper, oficial piloto estadounidense y astronauta de la NASA, dijo: «Yo creo que estos vehículos extraterrestres y sus tripulaciones visitan este planeta. Ellos vienen de otros planetas, sin duda, más avanzados tecnológicamente que la Tierra. En mi opinión, deberíamos tener un programa coordinado al más alto nivel para recoger y analizar científicamente los datos procedentes de todo el mundo acerca de cualquier tipo de encuentro, así como para determinar cuál es la reacción más conveniente para enfrentarnos de manera amistosa a estos visitantes. Seguramente, deberíamos demostrarles que hemos aprendido a resolver nuestros problemas de manera pacífica y no mediante la guerra antes de ser aceptados como miembros plenamente cualificados en el consejo universal. Dicha aceptación abriría posibilidades increíbles de hacer progresar nuestro mundo en todos los campos. En tal caso, creo que Naciones Unidas tendría un interés muy concreto en tratar de manera solícita este tema».

¿Simples opiniones personales? No.

Por último, recordemos que, como relató Buzz Aldrin, del Apolo XI: «Había un ovni con nosotros... Poco después de dejar el campo gravitacional de la Tierra en dirección a la Luna, los tres, Neil Armstrong, Mike Collins y yo, vimos por la ventanilla un objeto luminoso que nos seguía a distancia... Informamos a Houston, la base. Creímos que era el último segmento del Saturno V, el cohete que nos había lanzado, pero aquello no cuadraba. Tampoco podía ser la sonda robot que lanzaron los soviéticos para derrotarnos, aunque fuera simbólicamente, en la carrera a la Luna, porque iba más adelante que nosotros. ¿Qué era? No lo sé, nunca lo descubrimos. El objeto nos acompañó muchas horas y luego desapareció».

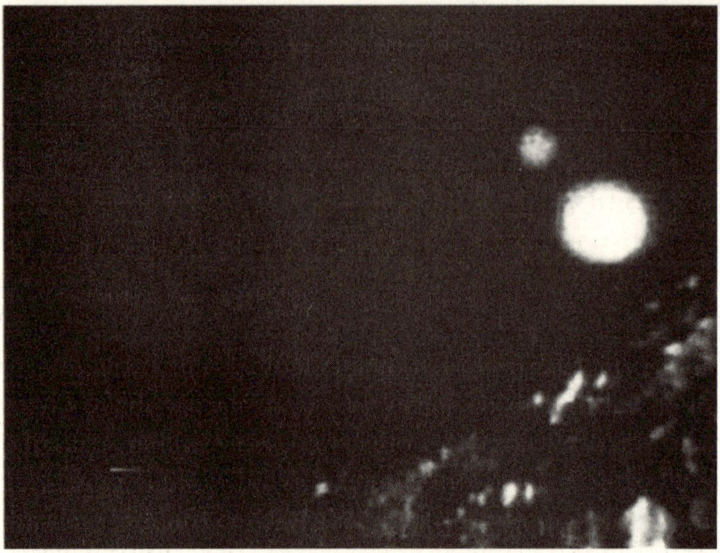

Los objetos que fotografió Armstrong.

Si la misión del Apolo XI no hubiera tenido lugar, como dice Kaysing, estas declaraciones no tendrían sentido. En el caso de que dicha misión, al igual que las del Apolo VIII, IX y X, hubiera llegado a la Luna sin descender hasta ella, todo tendría una justificación y confirmaría que aparecieron ovnis, lo mismo que durante otras misiones de la NASA.

Hay dos cosas seguras: por un lado, el hecho de que la conquista de la Luna se detuviera con el Apolo XVII, como si fuera cierto el rumor de que «hay alguien ahí arriba» y los estadounidenses, al darse cuenta, prefirieran truncar cualquier iniciativa futura. Por otro, la constatación de que las numerosas imágenes fotográficas difundidas por la NASA fueron objeto de un comprensible interés, pero también, en ciertos casos, de críticas justificadas. Es un hecho claro e incontestable que la NASA, pese a disponer de instantáneas auténticas, difundió material claramente falso o retocado por razones que no están nada claras. Y es más que legítimo y justificado pensar que la NASA decidió censurar detalles incómodos para evitar reacciones o discusiones indeseadas. ¿Cuáles?

Por ejemplo, todo lo relativo a los embarazosos *transient lunar phenomena* (TLP, o fenómenos lunares transitorios), que reunió en 1968 en un catálogo que incluía unos seiscientos para uso de los astronautas lunares. Sin contar la gran cantidad de fotos lunares que muestran «luces», «fuentes luminosas» y «cuerpos no identificables», etcétera. Y no se trata de simples reflejos en el objetivo ni nada por el estilo. Son datos oficiales. Hay signos de cuerpos arrastrados por el inerte suelo lunar; rayos de luz que se encienden de pronto en la parte del satélite que está a la sombra; cuerpos opacos en movimiento en la superficie selenita; objetos luminosos que se desplazan dentro de cráteres a la sombra; estructuras de forma insólitamente geométrica y regular; cambios de elementos geológicos antes conocidos en un orden distinto.

Como era de esperar, prefieren no hablar de estos temas.

Pero también hay quienes rompen el silencio.

Los extraterrestres existen, pero Estados Unidos y los gobiernos de otros países ocultan la verdad. Un concepto que expresó el exastronauta norteamericano Edgar Mitchell, que participó en la misión lunar del Apolo XIV en 1971.

«No estamos solos en el universo —dijo Mitchell—. En mi opinión, nuestro destino es convertirnos en parte de una comunidad planetaria. Deberíamos prepararnos para ir más allá de nuestro planeta y nuestro sistema solar con el fin de descubrir qué hay realmente ahí fuera.» Conviene señalar que nadie lo acusó de decir tonterías o mentiras.

Y es que el hecho de que los astronautas hayan observado ovnis en el espacio en numerosas ocasiones es una realidad, como nos confirma una valoración del asunto completamente neutral.

Francesco Ogliari no es un ufólogo. Es autor de *Il libro dell'astronautica* (1972) y fue presidente del Museo Nazionale della Scienza e della Tecnica Leonardo da Vinci en Milán. Además, escribió una *Storia dei trasporti italiani,* quince volúmenes dedicados a las regiones de Italia, y muchas otras publicaciones. El primer libro citado, que tiene ya muchos años, está escrito con competencia y pasión, y resume los esfuerzos del ser humano para tener éxito en el enorme proyecto de conquistar el espacio. Copiamos aquí textualmente la sección del libro titulada «Misterio» (págs. 269-273), donde el autor incluye preguntas inquietantes que en buena parte han quedado sin respuesta.

Su análisis se detiene en la época de la publicación de la obra, en 1972.

Lo que sigue es una crónica, y queremos proponerla como tal a nuestros lectores. Y, precisamente por tratarse de una crónica desnuda y sin comentarios, puede ser desmentida, interpretada, avalada, aceptada o discutida. Desde que el ser humano violó el espacio, se han producido fenómenos inexplicables; quizá un día encontremos una explicación para ello. De momento, tomamos de periódicos y libros publicados que documentan desde los inicios de la era espacial hasta hoy fragmentos sin comentario alguno, dejando la reflexión a los lectores para que extraigan sus conclusiones.

◊ 21 de julio de 1961. Durante el vuelo orbital de Grissom, en la fase en que llega el momento de recuperar la cápsula, se produjo un hecho inexplicable: el dispositivo para abrir la escotilla de la cápsula explotó, y el piloto se salvó antes de que la cápsula se hundiera. Grissom niega haber hecho saltar el dispositivo, que había que accionar a mano.

◊ 20 de febrero de 1962. John Glenn, durante el vuelo orbital sobre Australia, desde la Mercury comunica a Houston que ve miles de partículas luminosas que lo escoltan a lo largo de 6.000 kilómetros. Al regresar a la atmósfera, lo seguirá un globo luminoso; el astronauta excluye categóricamente que pueda ser un meteorito. Por estas declaraciones, a Glenn lo alejan de los vuelos.

◊ 24 de mayo de 1962. Scott Carpenter ve sobre Australia las partículas luminosas que escoltan a la astronave Mercury; avanzan muy rápido, en formación. Carpenter exclama: «¡O sea que existen! ¡Decidle a Glenn que tenía razón!». En la fase de recuperación, por un error de cálculo,

Scott Carpenter permanece una hora en el agua. Cuando lo encuentran, asegura que lo ha «ayudado» un halo, primero naranja y luego verde, que rodeaba la cápsula. El calor externo nunca penetró en la cabina, aunque la temperatura era muy elevada (*Il Messaggero,* 25 de mayo de 1962; *Il Giornale d'Italia,* 24 de mayo de 1962; *Il Tempo,* 26 de mayo de 1962; *Il Giornale d'Italia,* 27 de mayo de 1962).

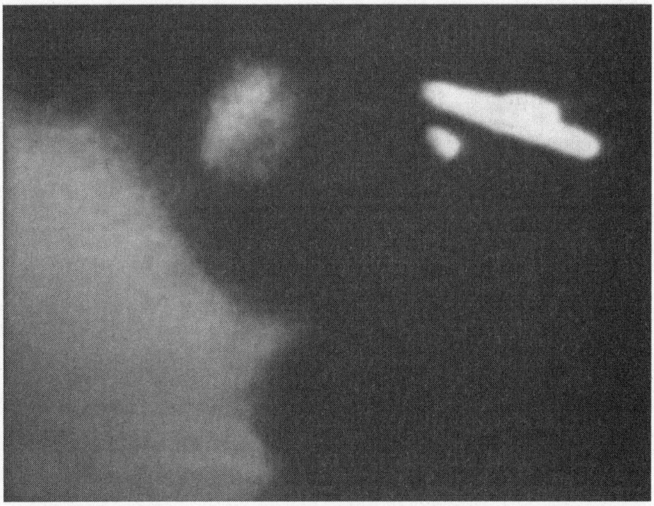

Los extraños objetos que fotografió Glenn durante su vuelo orbital.

◊ 12 de agosto de 1962. El astronauta ruso Pável Popóvich, a bordo de la Vostok IV, en las 45 vueltas alrededor de la Tierra, dijo: «Veo las famosas partículas luminosas».

◊ 3 de octubre de 1962. Walter Schirra en la Mercury Sigma 7: «Scott [Carpenter], yo también veo tus partículas luminosas, ¡me están escoltando!».

◊ 15 de mayo de 1963. Gordon Cooper afirmó: «Durante el vuelo divisé una enorme bola luminosa que venía hacia mí. Era un disco volador verde con una banda roja». La NASA cortó la comunicación y prohibieron al astronauta que hiciera más declaraciones sobre el tema a los periodistas (*Tribuna Illustrata,* n.º 28, 9 de julio de 1967).

◊ 14 de junio de 1963. Valeri Bykovski, en la Vostok V: «Aquí Halcón, aquí Halcón, algo me acompaña en el espacio... Vuela al lado de la cápsula, me escolta». Y Valentina Tereshkova: «Aquí Vostok VI, un vehículo de origen desconocido se acerca a la cápsula, me escolta». TASS comunica: «Los astronautas soviéticos han visto en el espacio objetos de procedencia desconocida».

◊ 8 de abril de 1964. Cuatro objetos de origen desconocido, registrados por los radares, escoltan a una Géminis sin tripulación, que solo lleva a bordo instrumental, durante una parte del vuelo (*True,* enero de 1965).

◊ 3 de junio de 1965. A bordo de la Géminis IV, McDivitt avista sobre Hawái un objeto misterioso con protuberancias similares a brazos. Lo fotografía. Ve otros dos objetos parecidos sobre las Canarias. Un portavoz oficial de la NASA declara a United Press: «Un examen atento de las fotografías del objeto no muestra nada que se parezca a un satélite». McDivitt declara que el objeto que vio y los otros dos tienen forma de disco luminiscente.

El objeto que fotografió McDivitt desde la Géminis IV.

Cuerpo ovalado visible en las fotos de la Géminis IV. ¿Ovni o defecto en el revelado de la imagen?

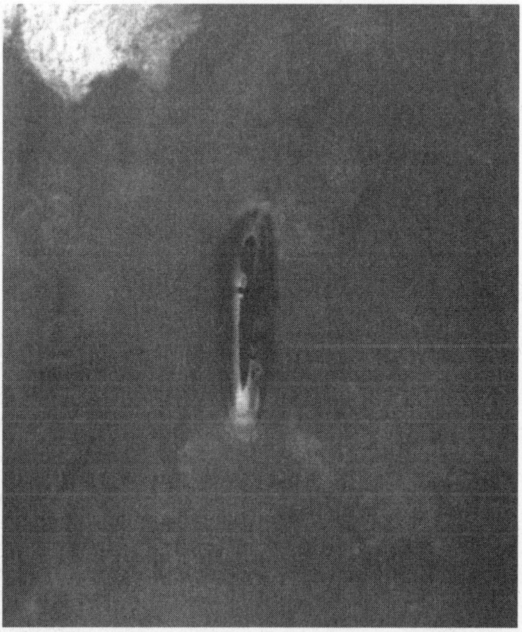

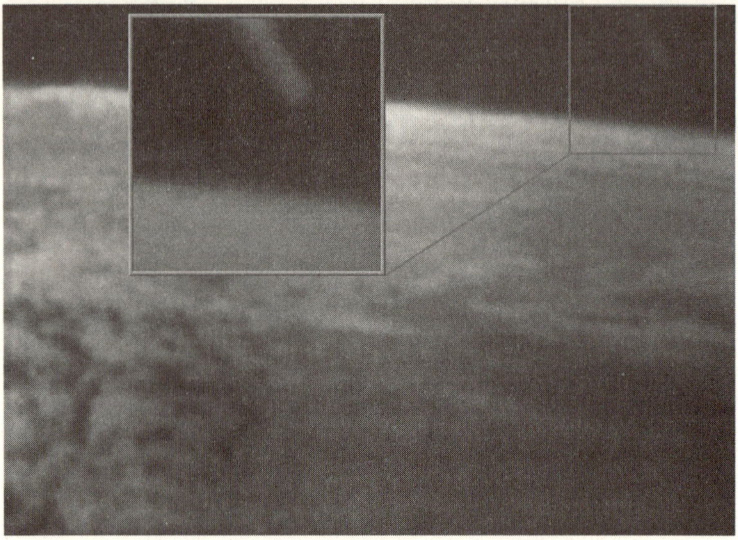

Objeto en forma de cigarro avistado desde la Géminis IV.

◊ 4 de diciembre de 1965. Géminis VII: Borman y Lovell avistan dos «objetos no identificados».

Los objetos luminosos que fotografiaron Borman y Lovell.

Desde la Géminis VII fotografían este extraño objeto.
Curiosamente, en la foto siguiente, la «anomalía» queda tapada con un vistoso trozo de cinta adhesiva.

◊ 18 de julio de 1966. Géminis X: Young y Collins fotografían «platillos volantes». Collins dará una entrevista alucinante sobre su experiencia que Gianni Bisach retransmitirá en el programa *Prima pagina,* de RAI TV.

◊ 13 de septiembre de 1966. Géminis XI: Conrad y Gordon fotografían un «objeto misterioso» que gira sobre sí mismo y con el que se cruzan a poca distancia (*Carlino Sera,* 14 de septiembre de 1996).

◊ Octubre de 1968. Apolo VII: Schirra, Eisele y Cunningham fotografían por casualidad dos objetos desconocidos en las montañas de Pakistán (nota de la redacción).

◊ 21 de diciembre de 1968. Apolo VIII: con Borman, Lovell y Anders. En el mismo momento, se registra un inexplicable fenómeno celeste en dirección a la constelación del Águila y el Observatorio de Brera señala una esfera de luz en Milán, excluyendo que se trate de un cometa o un meteorito.

◊ 3 de marzo de 1969. McDivitt, Scott y Schweickart realizan la unión con el módulo lunar para el Apolo IX. «Ha trascendido que la pasada noche unas misteriosas transmisiones de radio interrumpieron cuatro veces consecutivas el sueño de los astronautas» (*Corriere della Sera,* 5 de marzo de 1969).

◊ 18 de mayo de 1969. Apolo X: Stafford, Cernan y Young descienden con el LEM a 15 kilómetros del satélite. Regresan al módulo y desenganchan el LEM. Cuando están a 110 kilómetros, el LEM que habían desenganchado gira alrededor de ellos, cuando, en realidad, se trata de un vehículo sin medios autónomos que habría tenido que cubrir solo 100 kilómetros para encontrarse allí. La NASA registra el hecho como un «fenómeno producido por causas misteriosas».

◊ 16 de julio de 1969. Apolo XI: Aldrin y Armstrong registran haber visto puntos luminosos vagando por el cráter Aristarco (*Corriere della Sera,* 20 de julio de 1969).

Foto del Apolo XI.

◊ En la transmisión televisiva en conexión con la NASA, cuando Aldrin desdobla la hoja de aluminio destinada a capturar las partículas cósmicas que la luz del sol proyecta en el espacio, se ven netamente «dos platillos volantes luminosos» (*Europeo,* 17 de julio de 1969). La NASA se niega a hacer comentarios.

◊ Más adelante, la postura consistirá en explicar el fenómeno como producto de unos reflejos en el objetivo Hasselblad de los astronautas (nota de la redacción).

◊ 4 de noviembre de 1969. Apolo XI: los astronautas Conrad, Gordon y Bean comunican que los siguen unos objetos misteriosos. «Vemos un objeto siempre a la misma distancia, que rueda por el espacio y nos sigue.» «Un cuerpo luminoso sigue al Apolo.» «Nos sigue un objeto peculiar, brillante. Excluimos que pueda ser la tercera sección del Apolo... No supone un peligro.»

◊ El objeto misterioso que los astronautas observaron en los controles de vuelo no podía ser de ningún modo la tercera sección del Saturno (*Corriere della Sera, Giornale Radio,* edición especial del telediario de Tito Stagno).

◊ 19 de noviembre de 1969. Interrupción de 12 horas en las transmisiones televisivas en la Luna por causas desconocidas, no técnicas. En la pantalla queda fija una imagen misteriosa.

◊ 20 de abril de 1970. Apolo XIII: la NASA aún no ha comunicado oficialmente los resultados de la investigación sobre la avería.

Objeto avistado desde la Géminis XII.

◊ 31 de diciembre de 1971. Apolo XIV: Shepard, a bordo, avista las luces misteriosas que escoltan la astronave. Al instante, comunica su mensaje de paz al mundo e invita a actuar de manera que los descubrimientos científicos se realicen con el fin de conseguir la paz. Al mismo tiempo, cae por segunda vez una oscuridad misteriosa en Nueva York, Filadelfia, Albany, Providence, Ottawa y Toronto, y otras ciudades quedan inoperativas por causas que siguen siendo desconocidas. Recordemos que el primer apagón se produjo el 19 de abril de 1958, tras el lanzamiento del Sputnik III, y afectó a la ciudad de Donetsk, en la Unión Soviética. Nadie dio jamás una explicación para estas colosales interrupciones de energía. Y se habló de nuevo del misterio del espacio, se recogieron datos oficiales y semioficiales, declaraciones privadas y públicas de los astronautas, como la que hemos citado de Aldrin, y surgieron gran cantidad de conjeturas.

Hasta aquí —y no puede decirse que sea poco— el comentario textual en tono de crónica objetiva y distante de Ogliari, un inquietante recorrido por una serie de hechos que todos fueron constatando en los años «heroicos» de la carrera espacial.

Pese a ello, el *establishment* del organismo espacial estadounidense no se inmuta. Como si lo que había ocurrido, lo que habían declarado y hemos recordado más arriba, con sus contradicciones y sus misterios no resueltos, no existiera. De hecho, hacen todo lo posible para que la gente lo olvide.

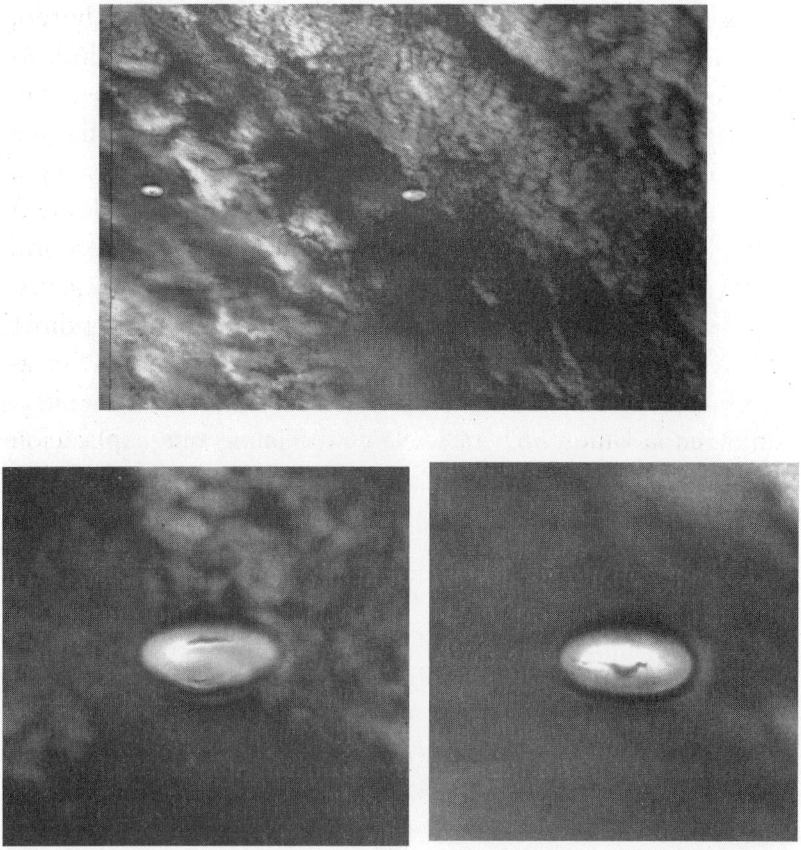

Recientemente, se han descubierto en el archivo de la NASA unas fotos tomadas desde la Géminis V. Se ven dos esferoides luminosos. Los escépticos justifican la imagen como un artefacto que aparece al revelar mal la película. Recogemos ambas informaciones sin pretensiones de que ninguna de ellas aporte una certeza absoluta.

Solo que a veces la mentira tiene los pies muy cortos, y lo mismo ocurre con una verdad incómoda: que sale por la puerta y entra por la ventana.

Pongamos un ejemplo significativo.

Tradicionalmente, el Control de Misiones de Houston (Texas) proporciona de manera directa a los medios las transmisiones en vuelo desde los vehículos espaciales de la NASA.

Por supuesto, un radioaficionado provisto del instrumental adecuado puede sintonizarse y escuchar en directo los diálogos entre los astronautas y los controladores aéreos. Es lo que sucedió en el Amateur Radio Club que se constituyó en el Centro de Vuelo Espacial Goddard en Greenbelt (Maryland), que el 14 de marzo de 1989 interceptó a las 6:35 (hora oriental de Estados Unidos) el siguiente diálogo entre Houston y el transbordador Discovery en órbita: *«Houston, we have a problem, we have a fire»* («Houston, tenemos un problema, tenemos un incendio»). Quienes escuchaban, esperaban una tragedia; en cambio, a los siete minutos y con voz muy tranquila, la conversación siguió de esta manera: *«We... ah... still have the alien aircraft... ah... under observance»* («Nosotros... ah... aún tenemos la astronave alienígena... ah... bajo observación»). El mensaje no podía ser más claro, directo y desconcertante.

Ante las inmediatas peticiones de una explicación, la NASA no tardó en responder que debía de haber sido una broma de un aficionado anónimo que se había metido a propósito en la frecuencia que utilizaba el transbordador. Una respuesta nada convincente. ¿Recuerdan lo que escribió Maurice Chatelain sobre el «lenguaje encriptado» que utilizan algunos astronautas?

¿Acaso el término *fire* («incendio» o «fuego») no era una de las palabras en código que empleaba la NASA para indicar la presencia de ovnis durante los vuelos espaciales?

Lo único que se podía hacer era analizar la voz de la transmisión, y lo hizo una empresa especializada, que trabajó con la grabación original y la comparó con la grabación de las voces de los astronautas del transbordador realizada en un programa de televisión en directo una vez que regresaron. De este modo, averiguaron que la voz presentaba sorprendentes analogías sonoras con la de uno de los cinco astronautas del transbordador Discovery, el doctor Bagian, especialista médico de la misión. Este, al no ser piloto ni militar, estaba menos acostumbrado a los rígidos protocolos de los sistemas de transmisión a bordo, lo cual resulta significativo. ¿Es una coincidencia? ¿O tal vez es todo cierto, y Bagian simplemente olvidó usar ciertos protocolos internos de la NASA

En 2015, la comparación de las fotografías de Marte publicadas por la NASA con las obtenidas por astrónomos aficionados sugirió que los colores del planeta «rojo» de las imágenes tomadas por la NASA podrían ser diferentes a la realidad.

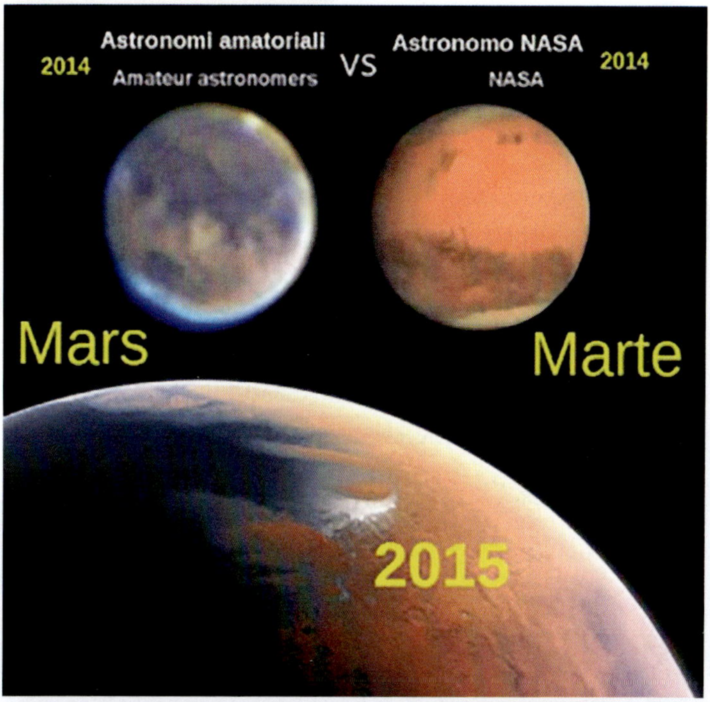

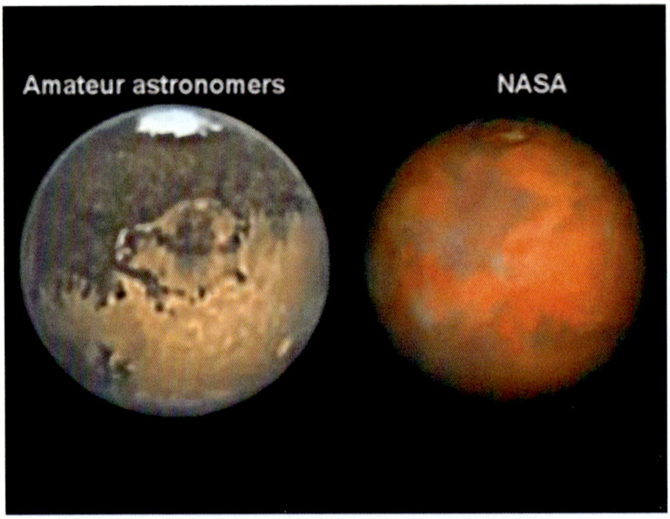

Además, las imágenes del telescopio espacial Hubble (arriba) son diferentes de las fotos conocidas del planeta «rojo».

¿Es el cielo azul de Marte el real y el rojo solo el efecto de un filtro óptico?

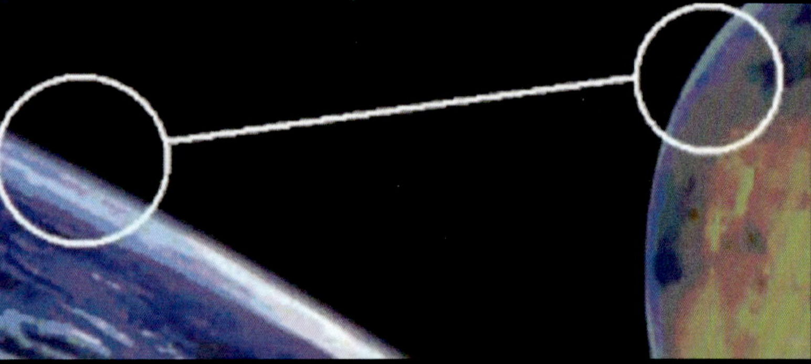

Las imágenes de la delgada atmósfera marciana muestran su color azul, exactamente como el de la Tierra.

La cámara fotográfica de la sonda Rosetta Mars solo pudo mostrar imágenes en blanco y negro del planeta.

Esta foto, una de las primeras imágenes de la NASA del paisaje marciano, fue tomada por la sonda estadounidense Viking en 1973 y no muestra el color rojizo de las siguientes misiones de la NASA.

¿Las «imágenes marcianas» de las sondas *Curiosity y Opportunity* se envían realmente desde Marte o se corresponden con fotos de algunas áreas desérticas remotas de la Tierra? Quizá la NASA quiere que creamos que el planeta Marte, aun siendo similar a la Tierra, no puede albergar vida.

en la transmisión y sus palabras aluden realmente a la presencia de una «astronave alienígena»?

En tal caso, eso significaría que «no estamos solos», y también que nuestra pregonada conquista del espacio estaría desde hace tiempo condicionada por la presencia de otros en la frontera del infinito. Otros que podrían haber quedado inmortalizados gracias al objetivo fotográfico.

Vamos a comentar un ejemplo significativo al respecto.

Estamos en diciembre de 1968. En el punto culminante de la carrera espacial, la misión del Apolo VIII tiene como objetivo llegar a la Luna y sacar fotografías de alta resolución de posibles lugares de aterrizaje.

La misión es un éxito. Ahora, la NASA está segura de que podrá enviar un hombre a la Luna antes que la Unión Soviética.

Pero cuando la agencia espacial revela la película del Apolo VIII, aparece algo muy raro: «El Apolo VIII tomó muchas fotografías durante la misión —dice Chris Orwoll, historiador del vuelo espacial—, pero en aquella época no existían las cámaras digitales. No se veían las imágenes hasta que no regresaban a la Tierra y las revelaban. En aquella ocasión, ocurrió algo inexplicable».

Parecían imágenes de un viejo episodio de *Star Trek*. En ellas aparecía algo dotado de largos tentáculos, una especie de calamar flotando en el espacio.

Llamaron a la extraña imagen «calamar espacial» *(space squid)*. La pregunta que siguió era bastante obvia: ¿existen criaturas capaces de vivir en el espacio profundo sin oxígeno?

Vitali Iosifóvich Goldanski, profesor del Centro de Química y Física Nikolái Nikoláievich Semiónov y miembro de la Academia de las Ciencias rusa, en un artículo publicado en 1997 en *Pure and Applied Chemistry,* sostenía la posibilidad de que una cantidad notable de material prebiótico podía acumularse en las regiones que rodean las nebulosas y las gigantescas nubes de gas que estacionan en el universo.

Con el paso del tiempo, dicho material, por las mismas leyes que permiten que nazca la vida en nuestro planeta, podría haberse agregado y evolucionado en alguna forma de vida, adaptándose a condiciones extremas, como las del universo. Estos organismos se llaman *zeroid*.

El astrobiólogo Chris McKay sospecha que el «calamar espacial» no es un ser vivo: «Mi idea es que se trata de un vehículo espacial alienígena mucho más sofisticado que nuestra tecnología, diseñado para sobrevivir en el espacio sirviéndose solo de energía».

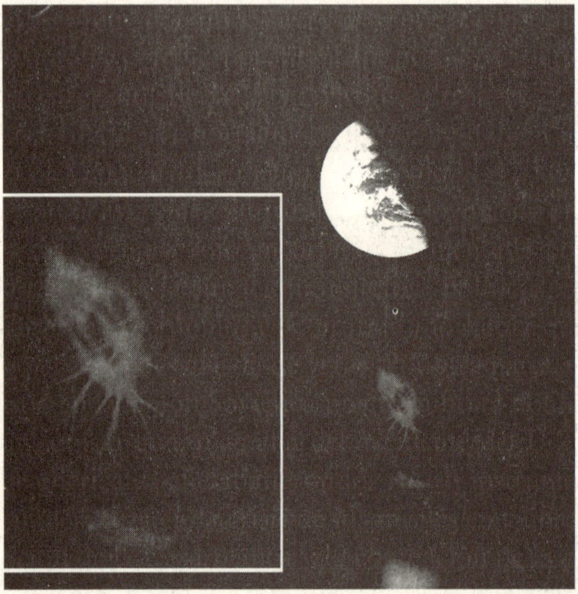

Si el «calamar» fuera una astronave, sus tentáculos podrían ser un sistema de propulsión capaz de dejar una telaraña de energía detrás del vehículo.

«¿Qué podrían utilizar los alienígenas para viajar por las estrellas? —se pregunta McKay—. Hay dos posibilidades: cohetes alimentados por fusión nuclear o haces de electrones.»

Entonces ¿es posible que el Apolo VIII inmortalizara la estela que dejó un impulso de electrones? No podemos excluir que así fuera.

¿Y cuál es la conclusión?

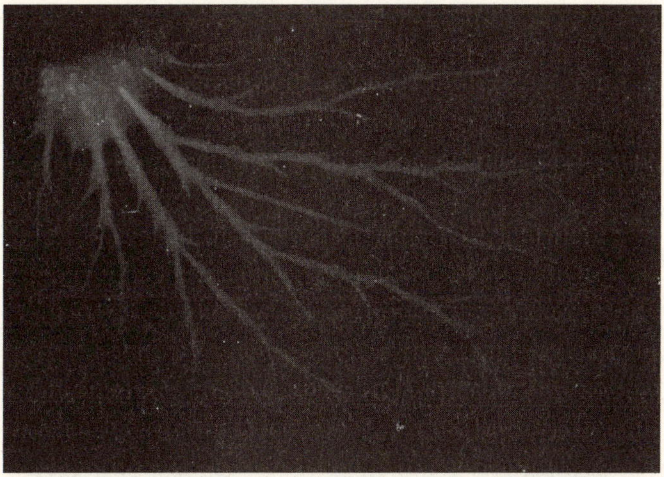

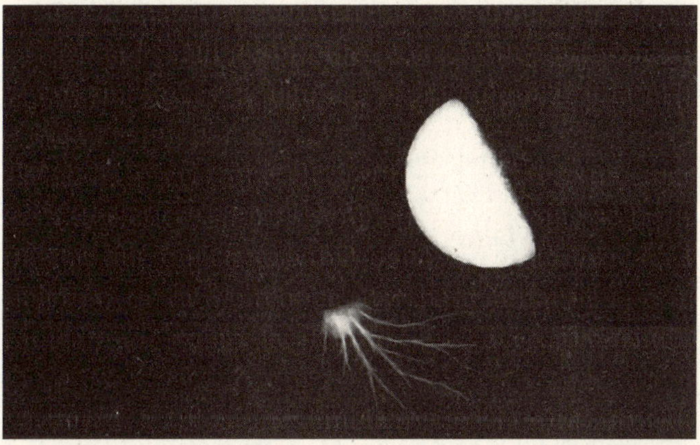

Mitchell se crio en Roswell, Nuevo México, un lugar donde, según la leyenda, se estrelló un ovni en 1947. Según ha contado hoy el exastronauta, las «autoridades militares» obligaron a los residentes de la zona a guardar silencio y los amenazaron con «graves consecuencias» si hablaban. Pese a todo, añadía Mitchell, los ciudadanos no querían llevarse el secreto a la tumba. «Querían decírselo a alguien de confianza y me lo contaron a mí, porque yo era de la zona y había ido a la Luna.»

Hace más de una década, relató Mitchell, lo recibieron en el Pentágono para hablar del asunto y un almirante le confirmó la historia y le prometió que muy pronto le dirían la verdad a la opinión pública. Ese mismo almirante ahora lo niega todo, según Mitchell.

«Aconsejo a quienes tengan dudas que lean libros y todo lo que se ha escrito para intentar saber qué sucedió realmente. Porque no hay duda de que nos visitaron los extraterrestres.»

Un portavoz de la NASA, Michael Cabbage, desmintió secamente que hubieran ocultado el tema: «La NASA no busca ovnis, la NASA no oculta nada sobre la vida alienígena en este planeta ni en ningún otro lugar en ningún periodo histórico». La historia de Roswell data del 3 de julio de 1947, cuando el dueño de un rancho encontró en sus tierras unos trozos metálicos. La Fuerza Aérea estadounidense habló primero de un accidente con un «platillo volante» y luego modificó su versión y dijo que el misterioso objeto que había caído en Roswell era un globo sonda que buscaba datos sobre la situación meteorológica. Tras este episodio, las autoridades estadounidenses empezaron a desmentir sistemáticamente todas las noticias de avistamientos de ovnis, una actitud dictada por la necesidad de ocultar la verdad, según afirman los ufólogos.

Pero Mitchell no desistió, al contrario. Insistió en la realidad de los ovnis y su condición de vehículos extraterrestres avanzados que visitan la Tierra durante el quincuagésimo aniversario de la NASA, con lo cual «estropeó la fiesta» al organismo espacial estadounidense. En esa ocasión declaró:

> Fui un privilegiado al saber con certeza que los alienígenas nos visitaron en la Tierra y que los ovnis son un fenómeno real. Nuestros gobiernos lo han mantenido en secreto durante más de sesenta años, pero, poco a poco, las noticias escapan a su control y algunos hemos tenido la suerte de estar informados sobre ciertos acontecimientos. Creo que nos aproximamos a una declaración oficial. Los extraterrestres son similares a como los pintan en las películas de ciencia ficción: pequeños y con los ojos alargados, y no tienen malas intenciones hacia nosotros.

Un portavoz de la NASA puntualizó poco después: «El doctor Mitchell es un gran norteamericano, pero no compartimos sus afirmaciones».

Fijémonos bien: no dijo que los argumentos de Mitchell fueran tonterías o mentiras.

¿Cuál debe ser nuestra conclusión?

¿Kaysing tiene razón y el descenso a la Luna del Apolo XI fue un montaje para engañar a los rusos?

¿La NASA llegó a la Luna, pero lo hizo más tarde?

¿O el Apolo XI llegó a la Luna y, al encontrarse con *otros*, tuvo que difundir material trucado para ocultarlo todo?

No lo sabemos, aunque está claro que en el ámbito de la NASA guardan silencio acerca de muchas contradicciones y de algunas verdades incómodas, como son los fenómenos lunares transitorios o los ovnis.

Huelga decir que, en todo caso, Estados Unidos no queda en buen lugar y, de hecho, se pone al mismo nivel que la antigua Unión Soviética, con todas las posibles críticas que se le pueden hacer por el cinismo que mostró en el pasado en su programa espacial y el olvido al cual relegó a los heroicos astronautas rusos no declarados. Y aún hay más. Estados Unidos no habló oficialmente ni hablará en público de los trapos sucios de Moscú por temor a que el Kremlin saque a relucir los de Washington, que evidentemente existen, y no son menores que los otros. Empezando por la posible, indeseada y desestabilizante realidad de las presencias extraterrestres inteligentes en la Tierra y fuera de ella. A las dos potencias espaciales no les interesa pisarse mutuamente; menos aún hoy, que no están en conflicto abierto.

En cualquier caso, es evidente que nos han engañado.

Y mucho.

Arriba, el plató de simulación lunar de la NASA en el NTS reconstruido en la publicación mensual estadounidense *Wired*. Abajo, una hipotética foto tomada en el interior del NTS.

¿Extraños fenómenos ópticos o incoherencia del retoque fotográfico? Arriba, la famosa bandera con las barras y las estrellas plantada en el suelo lunar, sin sombra. Abajo, las sombras incriminatorias de Armstrong y Aldrin, respectivamente, de longitudes distintas. Ello sugiere que la fuente de luz no es el Sol, sino algo mucho más cercano: un foco.

Soportes que no se hunden en el suelo. Ni siquiera se ve un pequeño cráter u oscurecimiento provocado por el motor de frenado durante el alunizaje. El LEM no produce ninguna modificación en el suelo, ni deja huella a su paso.

MASS MEDIA *Trent'anni di storia nell'autobiografia del re degli anchormen. È un duro atto di accusa contro il degrado dell'inform*

Cronkite: la tv ammazzanotizie

dal nostro corrispondente **ENNIO CARETTO**

WASHINGTON — Se qualcuno questo secolo ha incarnato la figura di Zio Sam agli occhi degli americani, è stato Zio Walter: Walter Cronkite, il più celebre e amato *anchorman* o mezzobusto televisivo della storia, nominato «l'uomo più fidato d'America» nel turbolento '68. Nessuno ha saputo spiegare la politica al pubblico meglio di lui, e nessuno lo ha fatto con maggiore onestà. Cronkite è stato il grande mediatore della superpotenza, uno dei «creatori d'opinione» che nei momenti difficili hanno tenuto unito il paese. Nell'immaginario collettivo, gli eventi più tragici o gloriosi della seconda metà del secolo sono tutti legati al suo nome: lo scoppio della guerra in Corea nel '50; i conflitti dei diritti civili dal '56, l'assassinio di Kennedy nel '63, l'allunaggio...

A sinistra, una foto scattata col teleobbiettivo pochi minuti prima della tragedia di Dallas: Kennedy, la moglie Jackie e il governatore Connally salutano la folla che è venuta ad assistere al corteo

Simulazione di allunaggio nel luglio 1969 che fu trasmesso dalla C.b.s. e una scena della guerra del Vietnam

Una sorpresa, ma non lo solo. *La vita di un reporter* ... le università. Qui il vecchio cronista innamorato della ... Walter, il libro è in testa alla classifica dei best sel- ... in Europa per dove fu paracadutato a Berlino e ...

Arriba, una de las imágenes más discutidas de la hazaña lunar.
Los defensores de la simulación ven una incoherencia entre las sombras que proyectan en el suelo, respectivamente, la bandera y el astronauta.
Abajo, un artículo del *Corriere della Sera* del 29 de enero de 1977 que muestra la foto de una simulación del alunizaje difundida por la NASA.

La primera y célebre edición del libro de Bill Kaysing *We Never Went to the Moon,* el volumen de Ralph Rene *NASA Mooned America!,* y el documental *Can We Still Trust NASA?*

En la película de Peter Hyams *Capricornio Uno* (1978), la NASA presenta al mundo como real una misión simulada a Marte.

Capítulo 6

DE LAS BOMBAS ATÓMICAS EN EL ESPACIO A LA GUERRA DE LAS GALAXIAS

Hoy es evidente que la astronáutica dejó de ser el sueño de pioneros como el alemán Hermann Oberth, el norteamericano Robert Goddard y el ruso Konstantin Ziolkovski en el momento en que empezó a estar militarizada, a partir de la Segunda Guerra Mundial. Entonces Adolf Hitler ya había comprendido la enorme importancia del potencial bélico del mundo de los misiles, y Oberth se vio envuelto en ello muy a su pesar. Y, desde Peenemünde, gracias a su discípulo Wernher von Braun, Londres estaba en el punto de mira de las letales V1 y V2 (la V era de *Vergeltungswaffen,* armas de represalia). En cambio, sobre Nueva York debía caer la gigantesca V4 o Amerika Rakete (cohete para América), que aún se estaba construyendo al final de la guerra y que afortunadamente nunca se lanzó. Y menos mal que la destrucción de las instalaciones del Tercer Reich para la producción de agua pesada en Telemark, Noruega, truncó las investigaciones de los nazis sobre la bomba atómica y, afortunadamente, las llevó a cabo Estados Unidos. Luego los ocupantes norteamericanos y rusos se repartieron a los científicos que habían trabajado para el Führer, y empezó el enfrentamiento entre ambos bloques también en el sector astronáutico. En el sector atómico, la confrontación ya se había iniciado. En breve, los rusos también tuvieron la bomba que Estados Unidos, tras la primera explosión secreta de prueba en Alamogordo, en julio de 1945, había utilizado en Hiroshima y Nagasaki para poner de rodillas a Japón y dar fin al conflicto. Conviene señalar que, de no haber existido la Guerra Fría, no se habrían producido ni la carrera espacial ni el desembarco en la

Luna. Prueba de ello es que, actualmente, una vez fuera del clima de equilibrio del terror que, durante años, impusieron al mundo Estados Unidos y la Unión Soviética, la astronáutica se ha visto minimizada. Aunque no del todo.

Ahí tenemos, por ejemplo, el Proyecto del Escudo Espacial, popularmente llamado Guerra de las Galaxias, que puso en marcha Reagan y que continuó Bush; la denominada Strategic Defense Initiative (SDI), un programa, según dicen, más motivado por la codicia del sector militar e industrial en general, y de las comisiones parlamentarias vinculadas a elementos del sector aeroespacial norteamericano en particular, que por una decisión lúcida del Gobierno estadounidense. Dejando aparte la SDI, hoy los presupuestos de las potencias siempre son menos generosos con los proyectos y experimentos cuya peligrosidad es inversamente proporcional a su utilidad.

A finales de los años cincuenta, Estados Unidos iba perdiendo en la competición espacial. La Unión Soviética disponía de cohetes propulsores muy potentes que podían poner en órbita satélites de un peso notable para la época. Los dos primeros Sputnik (1957) tenían una carga útil de 83,5 y 598 kilos, respectivamente. En cambio, la del Explorer norteamericano se limitaba a 8,22 kilos. En cuanto al Vanguard I, era tan minúsculo (1,47 kilos) que lo llamaban «pomelo». Los éxitos espaciales soviéticos provocaron la psicosis del «peligro rojo en órbita», alimentada por quienes sacaban provecho de la situación: militares, políticos, industrias, investigadores sin escrúpulos... Con todo, no había que subestimar dicho peligro, pues existía de veras. Por otra parte, en aquella época existía en la Unión Soviética una manifiesta política agresiva y expansionista que, más allá del accidente del U-2 (el avión espía norteamericano que abatieron los rusos) instrumentalizado por Moscú, derivaría en la crisis de los misiles en Cuba, donde la determinación de la Casa Blanca y la contención de la política de Jrushchov dieron paso luego a la era de Brézhnev. Y la Guerra Fría continuó. Así surgió en el Pentágono la idea de construir cohetes que subieran hasta la cota orbital de los satélites rusos y que pudieran hacer explotar artefactos atómicos a dicha altura. En

Estados Unidos estalló la psicosis del satélite rojo, alimentada por quienes sacaban provecho inmediato de ella: militares, políticos, constructoras, investigadores mercenarios... «De momento —protestaban con rabia los grandes patriotas de las barras y estrellas—, los rusos nos ponen sobre la cabeza satélites llenos de artefactos científicos o ratones. ¿Y si mañana metieran dentro una bomba nuclear que nos cae en la barbacoa del jardín?» Era necesario reaccionar, prevenir. Era necesario que hubiera seguridad. Y entonces llega la idea genial: construir cohetes que suban hasta la altura de los satélites rusos y que hagan estallar ahí arriba una buena bomba H. Obviamente, no podían admitir que ese era el único fin de la operación; tenían que ennoblecerla para que se tragaran el cuento incluso quienes, como el gran filósofo Bertrand Russell, sabían muy bien que jugar con plutonio era demencia en estado puro.

Así pues, buscaron un ineludible objetivo científico, y se dijo que las explosiones espaciales servían para estudiar los cinturones de Van Allen, llamados así en honor de su descubridor. Se trata de dos zonas altamente radioactivas que rodean nuestro planeta, subdivididas en dos capas: en la interior hay, sobre todo, protones y en la exterior, electrones. Según los estudios más recientes, los cinturones de Van Allen protegen la vida en la Tierra de los rayos cósmicos.

Pero las bombas H destruyen los cinturones de Van Allen, razón por la cual el supuesto objetivo científico no resultaba demasiado convincente; era algo así como aniquilar a la mariposa que uno desea examinar.

Nadie podía prever qué efectos tendrían las explosiones nucleares estratosféricas, por el simple hecho de que se trataba de un fenómeno que nunca se había dado con anterioridad. Pese a ello, siguieron con la «auténtica marcha triunfal de la estupidez más desoladora», como la definió muy acertadamente Paolo Cortesi.

Las primeras explosiones nucleares en la alta atmósfera se produjeron en 1958 (el 27 de agosto a las 02:28; el 30 de agosto a las 03:18; el 6 de septiembre a las 22:13) y constituyeron el llamado Proyecto Argus. Estados Unidos las realizó en una zona del Atlántico Sur. Tres cohetes X-17A de tres etapas, construidos por la Lockheed, se lanzaron con el máximo secretismo desde el puente de la nave militar Norton Sound, buque insignia de la *top secret* Task Force 88 de la segunda flota de la US Navy. La primera deflagración tuvo lugar a ciento sesenta kilómetros de altura, en posición 35,5 grados Sur y 11 grados Oeste. La segunda explosión se produjo a 293 kilómetros de altura, en posición 49,5 grados Sur y 8,2 grados Oeste. El tercer lanzamiento se efectuó en un punto localizado por las coordenadas geográficas 48,4 grados Sur y 9,7 grados Oeste, y el artefacto estalló a setecientos cincuenta kilómetros de altura.

Una publicación especializada de la época publicó lo siguiente:

> Los descubrimientos están rodeados de un gran secretismo, pero las pruebas procedentes de fuentes no secretas indican que los estallidos tuvieron un profundo efecto en la atmósfera superior. El más inmediato fue una interrupción de las radiofrecuencias comerciales (de 5 a 25 MHz) que duró hasta un día. Un científico de Nueva Zelanda habló de la formación de una aurora boreal artificial. Los instrumentos para medir las radiaciones Van Allen lanzadas pocas horas antes con el Explorer IV indicaron un aumento agudo de la intensidad de las radiaciones tras los estallidos. Algunos efectos duraron largos meses en la atmósfera superior.

Pero lo que interesaba realmente era la posibilidad de «destruir objetivos mediante choque térmico o irradiación de neutrones». Desde este punto de vista, se dijo que las explosiones atómicas habían sido «muy prometedoras». En realidad, estas pruebas estadounidenses crearon un cinturón de Van Allen artificial alrededor de la Tierra, una especie de toroide compuesto de electrones de alta energía repartidos según las líneas de fuerza del campo magnético terrestre. Al igual que en el caso de las partículas que emitían los rayos cósmicos, una parte se irradió hacia el espacio extraatmosférico, mientras que el resto cayó en el archipiélago de las Azores y generó soberbias auroras boreales artificiales. Más tarde, el cinturón creado por las explosiones empezó a disolverse, y los estadounidenses lanzaron el satélite Explorer IV para que Van Allen y su equipo siguieran con su estudio.

Entretanto, la Unión Soviética continuaba con sus test nucleares y marcaba músculo ante el adversario estadounidense. El 30 de octubre de 1961, los rusos hicieron explotar una potentísima carga termonuclear de 58 megatones. Y lo hicieron en el Ártico, en el cielo de Nueva Zembla.

> «Es espantoso ver la inconsciencia con que llevaban a cabo ciertos experimentos devastadores —dice Cortesi—, y la indiferencia con que la gente de todo el mundo lo presenciaba es, cuando menos, inquietante. En 1962, los estadounidenses siguieron jugando con explosiones termonucleares en la alta atmósfera. El 4 de junio, a las seis de la mañana (hora local), de la maltrecha isla Johnston, en el archipiélago de Hawái, salió un misil Thor con una cabeza de hidrógeno. Habría tenido que explotar al alcanzar los 60 kilómetros de altura, pero un minuto y medio antes de estallar, los técnicos tuvieron que destruir el misil; no se aclararon las causas del fallo, pero, según parece, hubo problemas al guiar la trayectoria. Los fragmentos del Thor explotado cayeron en el área de la base de lanzamiento. Previsiblemente, las autoridades negaron con desdén la más mínima posibilidad de que una bomba atómica en el fondo del océano pudiera ser un problema, ni siquiera en el futuro. El 20 de junio (a las 09:47, hora italiana), estaba previsto otro intento en Johnston. Un Thor debía elevar a 800 kilómetros de altura una bomba nuclear de un megatón (potencia declarada). Ciento veinte segundos después de salir, decidieron hacer estallar el misil con su carga; los fragmentos cayeron en un área muy grande y causaron dos heridos. Tras dos intentos fallidos, los estadounidenses consiguieron obtener la deseada explosión.»

Y la cosa no terminó ahí. El 9 de julio de 1962, a las 22:45 (hora local), dentro del programa Fishbowl, el Thor llevó a 320 kilómetros de altura (3.511 según otras fuentes, 2.000 según un experto neozelandés) una bomba de un megatón (hasta de diez megatones, según noticias independientes) en la vertical de la isla Johnston. A las 23:00 horas se produjo la explosión; un periodista italiano la describió así:

> El resplandor de la explosión primero era blanco, azul y verdoso. Luego lo vi amarillo, naranja y rosa salmón. Más tarde, rojo sangre, rojo ladrillo y, por último, de un violeta oscuro. «Luego volvió la noche —escribe el *Honolulu Star-Bulletin*—. Entre las cuatro y las cuatro y seis minutos fue de día, con los colores del alba y el atardecer.» Una revista de la época enumera con inquietante tranquilidad los efectos registrados: «La explosión sacudió los cinturones de Van Allen, agujereó el campo gravitatorio terrestre, lanzó escoria radioactiva alrededor del planeta, hasta en dirección al Sol, junto a rayos de distinta naturaleza y neutrones rápidos».

Y eso no es todo.

> La bomba de julio de 1962 produjo una faja radioactiva alrededor de la Tierra, y eso era lo contrario a uno de los objetivos declarados del experimento, que consistía en crear una abertura en los cinturones de Van Allen, que se temía que pudieran ser peligrosos para los astronautas precisamente por ser radioactivos. La explosión laceró momentáneamente la atmósfera e interrumpió las transmisiones por radio.
>
> Según los supuestos expertos (nadie es experto en un fenómeno que jamás se ha producido en la naturaleza), la rotura de la ionosfera se cerraría al cabo de veinte o treinta horas. Una hora después de la explosión, la lluvia de partículas originó una aurora boreal artificial que se vio desde la isla de Maui. Con una serenidad (o pasividad) desarmante, un periodista italiano, al escribir sobre los efectos de este experimento sobre las transmisiones en ondas cortas, concluyó que la alteración del equilibrio ionos-

férico podía: «Crear dificultades para las transmisiones por radio durante meses, quizá años». A las 23:14 hora local (las 10:14 en Italia) del 25 de julio de 1962, los aprendices de brujos de Estados Unidos intentaron repetir el golpe estratosférico con otra ojiva nuclear colocada en un misil Thor, con una potencia explosiva equivalente a entre veinte mil y un millón de toneladas de trinitrotolueno. Menos de un minuto después del encendido de los motores del cohete, los responsables del lanzamiento decidieron interrumpir la cuenta atrás y destruir el misil con su carga letal. La explosión hizo temblar la ya esquelética isla Johnston; los fragmentos en llamas cayeron sobre los barracones de cemento armado de la central balística.

Obviamente, a las pocas horas emitieron un comunicado oficial (muy oficial...) en el que negaban cualquier posibilidad de contaminación radioactiva procedente de la que era la tercera bomba nuclear estadounidense que acababa en el fondo del Pacífico.

Como era de esperar, la Unión Soviética no se quedó mirando sin más. En otoño de 1962, el viceministro de Defensa soviético, Aleksandr Gerasimov, y el académico Aleksandr Tchukin prepararon la Operación K. Emulando a Estados Unidos, consistía en hacer explotar en la estratosfera una larga serie de cargas termonucleares muy potentes. Así, entre los últimos diez días de octubre y el 1 de noviembre de 1962, los soviéticos hicieron detonar sucesivamente cinco ojivas (denominadas K1, K2, K3, K4 y K5). Los lanzamientos se efectuaron desde el polígono de misiles de Kapustin Yar, en la región del Volga, con misiles del tipo R-12. Siguiendo la estela y la trayectoria de esos misiles que llevaban la ojiva destinada a explotar, lanzaban un segundo misil provisto de medidores y sensores de varios tipos para analizar los efectos destructivos de la deflagración. Estos últimos misiles «verificadores» se monitorizaban en el polígono militar de Sary Shagan en el Asia central soviética, que más tarde los destruía con misiles antimisil tierra-aire del tipo B-1000. Las dos primeras cargas, de menor potencia para testar el experimento, eran de 1,2 kilotones cada una y explotaron a 300 y 150 kilómetros de altura respectivamente. Las tres siguientes, de 300 kilotones cada una, deflagraron respectivamente a 300, 150 y 80 kilómetros de altura.

¿Y los efectos? Grigori Kisunko, constructor de los sistemas montados en los misiles «verificadores», declaró que las potentes explosiones no tuvieron efectos sustancialmente relevantes sobre los misiles enviados para interceptarlos y destruirlos. En cambio, según otros expertos, sí hubo efectos notables, incluso a gran distancia de las zonas de las deflagraciones. Cedámosle la palabra a Boris Chertok, uno de los colaboradores más estrechos de Serguéi Koroliov en el programa espacial soviético. El 1 de noviembre de 1962, mientras se producía la quinta explosión, en el cosmódromo de Baikonur, en Kazajistán, Chertok estaba preparando el lanzamiento de la sonda espacial rusa Mars I, que se enviaría al planeta Marte:

> Aquel 1 de noviembre de 1962 era claro y frío. Soplaba un viento fuerte del norte. Nos preparábamos para el lanzamiento nocturno. Después de comer, fui corriendo al búnker a encender la radio y probar cómo se oía en varias frecuencias. A las 14:10 (hora de Moscú), salí del búnker a esperar hasta la hora convenida. A las 14:15, bajo un sol resplandeciente, se encendió un segundo sol hacia el nordeste. Se trataba de nuestra explosión nuclear en la estratosfera, cuyo nombre en código era K5. La llamarada duró una fracción de segundo. Según estaba previsto, la carga nuclear que llevaba el misil R-12 debía explotar a una altura de 60 kilómetros, pero, en realidad, se produjo a una cota de 80. La habíamos programado para probar las interrupciones en las comunicaciones. Nosotros estábamos a 500 kilómetros de la vertical de la deflagración.
>
> De pronto, se hizo un gran silencio en todas las frecuencias. Las transmisiones se restablecieron al cabo de una hora. Después de eso, se pudo realizar el lanzamiento hacia Marte.

Por su parte, los estadounidenses señalaron que, durante estos experimentos soviéticos, las líneas eléctricas de alta tensión habían dejado de funcionar a lo largo de 1.000 kilómetros.

Todos estos «jueguecitos» para enrarecer el ambiente solían ser eficaces en caso de conflicto.

Los generales soviéticos también podían estar satisfechos.

> «Hoy, los experimentos criminales de la astronáutica bélica nos desconciertan —afirma Paolo Cortesi—, no tanto por la decisión de los gobiernos de hacer ciertas cosas, sino más bien por la obtusa docilidad con que el público (con pocas y heroicas excepciones) asistía inerte a tal violencia. El delirio astrobélico de la época raya en lo grotesco. En 1962, un tal Dandridge Cole de la General Electric (una de las empresas privadas a las que el Gobierno de Estados Unidos encargaba productos para las actividades astronáuticas y con misiles) declaró en el American Astronautical Meeting en Washington que Rusia, antes de 1970, tendría la "bomba de asteroides". En la imaginación oscura y neurótica del señor Cole, dicha bomba sería un misil tan potente y preciso que desviaría de su órbita a uno de los asteroides que gravitan en el espacio entre Marte y la Tierra. Así, el asteroide pondría rumbo a nuestro planeta y, con una puntería portentosa, caería sobre América.»

Afortunadamente, entre 1963 y 1967, Estados Unidos y la Unión Soviética firmaron una serie de acuerdos internacionales que prohíben taxativamente el uso de armas nucleares en la alta atmósfera y en el espacio extraatmosférico. El primero de esos tratados no podría ser más claro. Su artículo 1 dice textualmente:

> Las partes signatarias se comprometen a prohibir, evitar y lograr que no se efectúen explosiones de armas nucleares y evitarán que se produzcan en cualquier entorno que dependa de su jurisdicción o se halle bajo su control, ya sea en la atmósfera, más allá de sus límites (incluido el espacio cósmico) o bajo el mar, dentro y fuera de las aguas territoriales.

El segundo tratado, referido a la exploración y el uso del espacio cósmico, remite la cuestión a su artículo 4:

> Los Estados signatarios se comprometen a no poner en órbita alrededor de la Tierra objetos que transporten armas nucleares u otros tipos de armas de destrucción masiva y a no instalar ni dejar estacionar esta clase de armas en otros cuerpos celestes. Los Estados signatarios utilizarán la Luna y otros cuerpos celestes para fines exclusivamente pacíficos. La creación de bases militares, así como la instalación, la fortificación y el uso de cualquier tipo de arma y la ejecución de maniobras militares en otros cuerpos celestes están prohibidas.

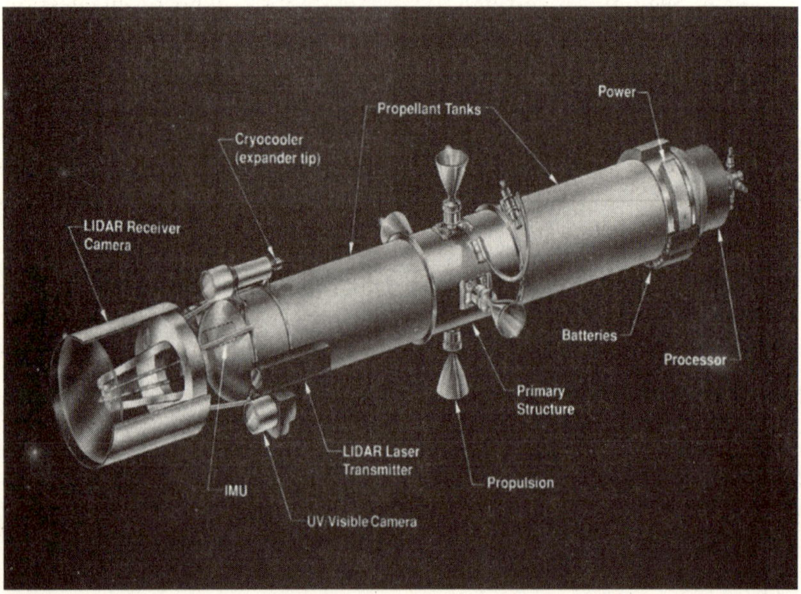

El sistema de ataque satelital estadounidense Brilliant Pebbles de defensa contra misiles balísticos (BMD, por sus siglas en inglés), que Lowell Wood y Edward Teller presentaron en el Lawrence Livermore National Laboratory (LLNL) en 1987, en el ámbito del Proyecto Excalibur, podía atacar misiles y otros satélites enemigos con haces de energía directa.

Pero ¿cómo asegurarse de que no se incumplían las normas? La solución fue el satélite «vigía» norteamericano Vela, varios ejemplares del cual se pusieron en órbita en los años sesenta y setenta.

El 25 de octubre de 1979, se comunicó que estos satélites habían registrado una aparente explosión nuclear en la atmósfera de la región sudafricana. Según una declaración del Departamento de Estado norteamericano:

> El Gobierno de Estados Unidos ha descubierto un indicio que hace pensar que, el 22 de septiembre, se produjo una explosión nuclear de baja potencia en un área del océano Índico y del Atlántico Sur, que comprende parte de la Antártida y de Sudáfrica. Hasta hoy no se han hallado pruebas que confirmen las sospechas. Seguimos investigando para descubrir si el hecho en cuestión sucedió.

Algunos espectadores creyeron que habían probado en secreto un artefacto en un polígono del desierto del Kalahari, a 650 kilómetros al oeste de Pretoria, pero las autoridades sudafricanas lo desmintieron. Otra hipótesis formulada fue que hubo un accidente en un submarino nuclear soviético, pero Moscú lo negó. ¿Quizá el origen de todo fue un misil que lanzó una nave de guerra sudafricana? Lo cierto es que se mencionó una colaboración entre Sudáfrica e Israel, pero no hubo ningún tipo de confirmación. Solo sabemos que, el 22 de septiembre de 1979, hicieron explotar en aquella zona un artefacto nuclear de escasa potencia. Y el misterio continúa.

Afortunadamente, en tales condiciones, es cuando menos difícil retomar las experimentaciones nucleares «salvajes» en la estratosfera, es decir, en los límites del espacio cósmico, como se hizo en el pasado.

A menos que, en el futuro, se impliquen en situaciones parecidas y tan poco deseables otros países no signatarios de tales acuerdos. Naturalmente, Inglaterra y Francia quedan excluidas. Hoy tienen armas nucleares los países de áreas geopolíticas «calientes», como China, la India, Pakistán, Israel y otros incluidos entre los llamados «Estados canallas», por emplear la terminología sugestiva y eficaz de Bush, como el Irán de los ayatolás (que, dejando a un lado los procesos y planes de enriquecimiento del uranio, ya contaría con algunas ojivas adquiridas ilegalmente cuando desmantelaron los arsenales exsoviéticos, aunque no dispone de misiles adecuados para lanzarlas), la Corea del Norte comunista, etcétera. Y la cosa no es muy tranquilizadora. Por eso, sobre todo después del 11 de septiembre de 2001, Estados Unidos nos pinta la SDI como la gran panacea que protege a Occidente de cualquier riesgo en ese sentido. Veremos qué ocurre.

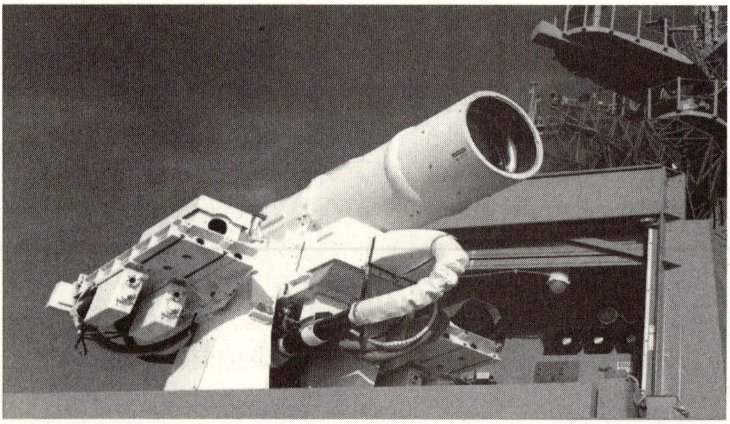

En el ámbito de la estrategia SDI contra misiles, aviones y naves, experimentaron con éxito un láser naval de alta potencia, último anillo «defensivo activo».

En cualquier caso, el 24 de mayo de 2002, George Bush y Vladímir Putin firmaron en Moscú un nuevo tratado sobre la reducción de armamento nuclear, según el cual, antes de 2012, Estados Unidos y Rusia debían reducir el número de ojivas nucleares de 6.000 a una cantidad comprendida entre las 1.700 y las 2.200. Este tratado, denominado Strategic Offensive Reductions Treaty (SORT, también llamado Tratado de Moscú), además de limitar las ojivas a las cantidades mencionadas, prohibía el uso de ojivas múltiples (MIRV). Más adelante, el SORT se sustituyó por un nuevo tratado denominado New Strategic Arms Reduction Treaty (New START). En 2010,

Obama y Medvédev lo firmaron en Praga. Esperemos que funcione.

Y aún hay más.

Desde hace tiempo, un tratado entre rusos y estadounidenses de 1971 alude a la presencia de «objetos no identificados» en los cielos y a la prevención de los riesgos de una guerra nuclear por error. Es un acuerdo sobre las medidas para reducir el riesgo de una guerra nuclear entre la Unión Soviética y Estados Unidos, que firmaron el soviético Gromiko y el norteamericano Rogers, cuyo artículo 3 dice textualmente:

> Las partes (Estados Unidos y la Unión Soviética) se comprometen a informarse mutuamente y de inmediato si detectan objetos no identificados mediante los sistemas de preaviso de ataque con misiles, o si se manifiestan interferencias en estos sistemas o en sus correspondientes medios de comunicación, en el caso de que tales fenómenos puedan determinar el peligro de que se desencadene una guerra nuclear entre ambos países.

El 28 de abril de 1958 aparecieron en las pantallas de los radares norteamericanos de las estaciones de detección del Ártico unos «objetos volantes misteriosos» que los operadores confundieron con misiles rusos. Dichos objetos condujeron a las escuadrillas de bombarderos estratégicos estadounidenses a las rutas polares en dirección a la Unión Soviética para tomar represalias atómicas de inmediato. Pero, en el último momento, se dieron cuenta de que no eran misiles balísticos intercontinentales lanzados contra América. El ministro soviético Gromiko relató el episodio en un documento de siete páginas donde mencionaba los «objetos volantes misteriosos» y protestaba contra los «vuelos provocadores» norteamericanos.

Solo que Estados Unidos no tenía nada que ver con aquello.

Desde los espacios, la sombra de los ovnis se proyecta en la Tierra.

CONCLUSIÓN ACTUALIZADA

En los últimos años, el tema de los ovnis ha dado algunos giros inesperados. Hasta 2017, por culpa del llamado «Informe Condon», que en 1969 zanjó desde la Universidad de Colorado cualquier investigación oficial sobre No Identificados en Estados Unidos, la actitud oficial ante el problema era que este asunto no merecía la pena ser estudiado. Aquel comité examinó más de 12.000 incidentes con ovnis, y aunque dejó alrededor de 700 casos sin explicar, sirvió para que la Fuerza Aérea estadounidense diera por terminado su interés en este fenómeno. Pero en 2017, el mundo se sorprendió con la existencia de un «Programa de Identificación de Amenazas Aeroespaciales Avanzadas» (AATIP), que no eran sino un conjunto de investigaciones encubiertas financiadas por el Gobierno para seguir estudiando en secreto objetos voladores no identificados (OVNI) o fenómenos aéreos inexplicables (UAP).

A pesar de que Estados Unidos, después del cierre del «Proyecto Libro Azul» en diciembre de 1969, siempre negó que seguía ocupándose del tema OVNI, un artículo del *The New York Times* desveló la mentira. AATIP comenzó sus trabajos en 2007, en la Agencia de Inteligencia de Defensa de EE.UU., con una financiación de 22 millones de dólares, hasta que las subvenciones disponibles expiraron en 2012. Aunque, según el Departamento de Defensa, el programa AATIP se cerró tras cinco años de trabajo, informes más recientes sugieren que los programas para investigar ovnis continúan.

En la AATIP la persona más representativa fue Luis Elizondo, oficial de inteligencia militar que renunció formalmente del Pentágono en octubre de 2017, en protesta por el secretismo del Gobierno y la oposición a la investigación, manifestando en su carta de renuncia al secretario de Defensa de Estados Unidos, James Mattis, que el importante programa no se estaba tomando suficientemente en serio.

La prensa estadounidense informó que Elizondo fue responsable de la filtración de imágenes de aviones de combate de la Marina de EE. UU., que mostraban objetos aéreos maniobrando de forma inexplicable en el área del Pacífico. Estas imágenes militares, cuya autenticidad fue confirmada más tarde por la Marina de EE. UU. y el Pentágono, son hoy un verdadero desafío para los escépticos. De hecho, como dijo el físico estadounidense Michio Kaku en el Congreso Mundial de OVNIs de Barcelona en 2019, esas cintas registran y contienen innumerables parámetros relacionados con datos de masa, tamaño, velocidad, aceleración, temperatura, etc., tanto en el espectro óptico como en el infrarrojo. Y, dado que parecen no ajustarse a las leyes de nuestra física actual, significa que para comprenderlos tendremos que abrir nuevas perspectivas científicas.

The Washington Post también afirmó haber realizado varias entrevistas a Luis Elizondo y al exsubsecretario de Defensa para Inteligencia, Christopher Mellon. En 2018, Elizondo aceptó la invitación del Centro Nacional OVNI italiano (CUN), siendo invitado de honor en nuestro Congreso Nacional anual en Roma, donde confirmaron todas sus declaraciones públicas anteriores sobre la naturaleza inteligente, tecnológica avanzada y no terrestre de los OVNI o UAP, incluyendo el hecho de que estas presencias distorsionan la métrica espacio-temporal local del lugar donde ocurren, confirmando su posible origen extraterrestre o extradimensional.

Curiosamente, esas conclusiones se complementan con las que el Gobierno de Estados Unidos hizo públicas el 25 de junio de 2021, cuando cumpliendo con un plazo de 180 días que se le había otorgado a las autoridades políticas estadounidenses durante la administración de Donald Trump, para poder documentarse con los datos y materiales adquiridos desde 1947, el Pentágono declaró que el fenómeno en cuestión, manifiesta aspectos absolutamente reales, objetivos, inteligentes, de carácter tecnológico (en particular tecnológico avanzado) y de origen desconocido.

De hecho, ahora empieza a reconocerse en ciertas esferas de poder que el fenómeno tiene un valor y una importancia globales. Por lo tanto, para quien aún no lo haya entendido, los llamados ovnis parecen máquinas futuristas construidas por seres con una tecnología superior, y como tales deben ser considerados desde el punto militar. Ahora el escenario del problema ovni ha cambiado radicalmente, dibujándose como un negocio futuro para el importantísimo *lobby* armamentista no solo estadounidense, sino mundial.

Debe quedar claro que, aunque no se admitiera explícitamente esta conclusión, nunca como ahora se puede descartar que los ovnis y las inteligencias que los controlan provengan de una realidad fuera de la Tierra. Tanto es así, que la propia NASA, en junio de 2022, finalmente decidió hacerse cargo del asunto de manera oficial, por primera vez en sus casi siete décadas de existencia. Después de los militares, los científicos también han dado un paso al frente para no quedar fuera de este debate.

Pero eso no es todo. Ahora que la atención del mundo, después de la pandemia, se centra en el conflicto ruso-ucraniano, el jefe de la Agencia Espacial Rusa Roskosmos, Dmitry Rogozin, ha declarado que los especialistas de la Academia de Ciencias de Rusia han estado estudiando durante mucho tiempo los fenómenos asociados con los ovnis. El jefe de la empresa estatal rusa habló al respecto el 11 de junio de 2022 en una transmisión en el canal 24 de RUSSIA TV, y explicó que la Academia de Ciencias de Rusia está recopilando y verificando cualquier información recibida sobre ovnis. «Los llamados ovnis de los que ahora habla la NASA, ya se han estudiado y se siguen estudiando en nuestra Academia de Ciencias», dijo. Aunque aclaró que, en casi todos los casos, los ovnis reportados son fenómenos atmosféricos o físicos que nada tienen que ver con la hipótesis extraterrestre. Sin embargo, también admitió que tales apariciones son posibles. Y también afirmó conocer personalmente a pilotos rusos que han visto fenómenos inusuales en la década de 1970, coincidiendo con los primeros vuelos espaciales de prueba rusos.

Cabe recordar que, en 1994, a raíz de la caída de la Unión Soviética, surgió un dossier secreto sobre ovnis elaborado por la KGB (el servicio secreto de la URSS), que documentaba numerosos episodios de este tipo, verificados después por militares. «He hablado con personas de la NASA que apoyan la idea de que quizá seamos objeto de vigilancia extraterrestre. Y me gustaría creerlo…», ha matizado Rogozin.

¿Y por qué no?

Roberto Pinotti y Luis Elizondo.

Capítulo 7

EL *BELPAESE* EN SALSA ESPACIAL

En un principio, en Italia estaba el Centro de Investigación Aeroespacial de la Universidad de Roma, con el profesor Luigi Broglio y sus colaboradores, y el Plan Espacial Nacional. Gente seria, técnicos cualificados, pioneros en la realización de proyectos ambiciosos con pocos medios y entre mil dificultades. Sí, porque los gobiernos que se sucedían en el Palazzo Chigi nunca miraron de forma adecuada hacia el sector espacial, y a menudo dejaron en manos de políticos superficiales, intrigantes y débiles, papeles y situaciones que escapaban a la comprensión, la competencia y la inteligencia de estos. En ese clima se explica, por ejemplo, que prefirieran crear un vacío alrededor de personas tan geniales como los hermanos Judica-Cordiglia en vez de aprovechar las oportunidades que les brindaba tal situación.

Pese a todo, un técnico excepcional como Luigi Broglio, a veces, podía dar un giro a las circunstancias y conseguir para Italia méritos y reconocimientos inesperados. Ahora que ya no está (falleció el 14 de enero de 2001), podemos decir que los operadores italianos del sector aeroespacial se quedaron un poco huérfanos.

Retrocedamos en el tiempo hasta 1977.

Estábamos viajando por Kenia y no podíamos volver a Roma sin visitar allí el «reino» de Broglio, ingeniero aeroespacial, docente, técnico general del Cuerpo del Genio Aeronáutico e indiscutible padre espiritual de la astronáutica italiana. Cruzar la parte del mar que separa la costa africana de San Marco y Santa Rita, las dos plataformas petrolíferas (de lanzamiento y de mando, respectivamente) *off shore* separadas por 600 metros que forman un polígono oceánico móvil italiano dentro del marco del Proyecto San Marco, tal vez sea el momento culminante para los que hemos sido admitidos como visitantes de las instalaciones del pequeño Centro Espacial Kennedy italiano en Kenia. El visitante, después de un trayecto en Land Rover desde la vecina localidad de Malindi no muy cómodo (debido a la dificultad del camino y a lo mal comunicado que está), llega con comprensible alivio a la primera etapa de su viaje, la base de apoyo italiana en la costa. En nuestro caso, el alivio aún era mayor, pues iba acompañado de la no indiferente satisfacción de haber conseguido obtener *in extremis* y en un tiempo récord el visto bueno para efectuar una visita guiada a la base costera, así como a las plataformas y a sus respectivos equipos. El jefe de la base recibió por teletipo el «permiso» del Ministerio de Defensa italiano solo 48 horas antes de nuestro regreso programado a Italia, justo a tiempo para que pudiéramos realizar una visita deseada y obligada, que ante todo pretendía ser un gesto de simpatía y solidaridad hacia aquellas personas alejadas de la madre patria, y con un constante y generoso compromiso de servicio, que hacían posible el persistente éxito del equipo espacial italiano.

El capitán Esposito, entonces comandante militar de la base, nos contó por el camino que el personal del Proyecto San Marco estaba compuesto en su mayoría por especialistas de la Aeronáutica Militar italiana y por una minoría de técnicos civiles del Centro Nacional de Investigación que se llevaban muy bien. Oficialmente, dijo Esposito, el Gobierno de Kenia había adoptado una actitud de completa indiferencia ante el proyecto; se limitaba a conceder una base de apoyo costera y, aparentemente, ignoraba el resto. En realidad, las dos plataformas se encuentran varios centenares de metros fuera de las aguas territoriales keniatas, para evitar cualquier tipo de complicaciones o críticas de carácter político y diplomático. Precisamente fueron razones de carácter político las que impidieron que se instalara el polígono en la poco fiable Somalia, por ejemplo. Hay que reconocer que en esto Kenia fue un país más comprensivo y realista que sus vecinos. Desde el primer lanzamiento de prueba, efectuado únicamente desde Santa Rita, con el apoyo del barco Pegasus, en abril de 1964, seguido de la llegada de la plataforma San Marco a Mombasa (1966), el Proyecto San Marco dio grandes pasos. Con legítimo orgullo, nos enseñaron un reconocimiento oficial de la NASA que, bien enmarcado, presidía la sala de reuniones de la base: el Group Achievement Award, que el organismo aeroespacial estadounidense concedió al San Marco Scout Project Team el día 28 de octubre de 1971. Otros testimonios de la actividad conjunta con la NASA eran numerosas fotos de recuerdo de lanzamientos, y también de personas, localidades e instalaciones vinculadas a lo largo de los años al glorioso *curriculum vitae* del proyecto. Tenían buenos motivos para enorgullecerse.

El clima que percibíamos era cálido y humano, serio y sencillo, en un ambiente sereno y espartano realizado en términos que podríamos definir claramente de total autosuficiencia.

El caso era que los fondos que les había concedido el Gobierno italiano llegaban con cuentagotas y, a veces, con retraso, lo cual comportaba la acuciante necesidad de resolver varios problemas más o menos inmediatos con medios y estrategias propios, con frecuencia improvisados. En definitiva, tenían que arreglárselas. En la cercana Malindi, el ingenio y la competencia técnica de los italianos de la Santa Rita ya eran proverbiales. Y los de San Marco gustaban a los nativos. Estos, gracias a la actitud extrovertida, abierta y antirracista que suele caracterizar a los italianos residentes en ese gran país, valoraban su seriedad, simpatía y discreción. Y confraternizar era fácil, sobre todo porque, a diferencia de los anglófonos, los italianos juegan con ventaja en cuestiones fonéticas a la hora de aprender el suajili, la lengua del África oriental. No pocos keniatas estaban presentes y operaban, incluso con cargos de cierta responsabilidad, en la base costera. En esta (y con mayor motivo en la otra plataforma) no se llevaba la buena vida del casi ininterrumpido verano keniata típico de las cercanas y lujosas playas de Malindi, Watamu y Mombasa Beach. Las pocas decenas de italianos que componían el equipo de San Marco eran voluntarios que habían elegido su trabajo con entusiasmo y pasión, dispuestos a permanecer varias semanas haciendo su turno en la plataforma y a pasar largos meses alejados de su familia y de Italia. En aquella época no había teléfonos móviles.

La lancha de alta mar en la que habíamos llegado a la base se dirigió al otro lado de la barrera de coral de las costas del océano Índico. En las aguas de Formosa Bay, nos aproximábamos a San Marco y a Santa Rita rápidamente, y en breve nos encontramos muy cerca. Eran dos pequeñas ciudades metálicas literalmente enjauladas en toneladas de acero, pacientemente ensambladas a lo largo de operaciones tan largas como difíciles. Mientras efectuábamos el transbordo de la lancha en la que habíamos llegado con nuestros acompañantes, que habían descendido hasta nosotros en enormes cestas bajadas por cabrestantes, fuimos conscientes de sus medidas reales: un triángulo equilátero de 45 metros de lado la Santa Rita, y una estructura ciclópea en forma de paralelepípedo de 100 metros por 30 la plataforma San Marco. Como es sabido, la primera plataforma constituía la sede *block house* del centro operativo o Range Control Center (RCC); dicho de otro modo, desde allí controlaban el lanzamiento y lo seguían en cada una de sus fases. Un lanzamiento que se efectuaba desde la enorme «cuna» que solía estar (reclinada en sentido horizontal) en el hangar colosal que había en San Marco. Entrar en detalles más exquisitamente técnicos sería traicionar el espíritu de este relato, que pretende ser el reconocimiento de una aportación técnica y, sobre todo, humana que hizo en su día con gran esfuerzo el equipo anónimo del proyecto.

Era imposible no quedar impresionado por la eficiencia, el orden y la limpieza que reinaban a bordo de las dos unidades, así como del afecto con que recibían a los visitantes. El profesor Broglio se encontraba momentáneamente ausente, de modo que un capitán de la Aeronáutica Militar italiana nos hizo los honores. Amable y comprensivo, respondió de buen grado y exhaustivamente a nuestras preguntas banales y nos aclaró todas las dudas. También nos explicó que, cuando era necesario, otros países aliados utilizaban la base móvil italiana para realizar lanzamientos de carácter científico. El éxito que siempre tuvo la actividad de

San Marco era una publicidad positiva más que justificada en los ambientes técnico-científicos occidentales, sobre todo, porque Francia era el único país que había construido (en Kouru, en la Guayana Francesa, en Sudamérica) otra base de este tipo (aunque en tierra), que también podía poner en una órbita ecuatorial satélites artificiales y que hoy se ha convertido en el polígono de lanzamiento de la Agencia Espacial Europea (ESA, por sus siglas en inglés). Así pues, desde el RCC de Santa Rita (donde nos enseñaron el panel de control de la cuenta atrás, con el sugestivo mando de autodestrucción del cohete propulsor en caso de emergencia o de no inserción en órbita), nos transbordaron a San Marco para la visita obligada a la rampa de lanzamiento, que acabó prolongándose más de lo debido.

Y llegó la hora de volver a tierra, ya que la marea del océano Índico no admitía retrasos. Así, mi mujer Lidia y yo nos vimos obligados a despedirnos de esos hombres que merecían toda nuestra admiración. Más tarde, al regresar a la base costera y, luego, a Italia, consideramos muy importantes algunas preguntas que le habíamos hecho al profesor Broglio, con quien nos habíamos reunido después.

Profesor Broglio, ¿cómo recuerda su experimento?

Lo considero un experimento pionero y lo recuerdo con mucho interés. Lanzamos al espacio un cohete sonda desde el polígono Perdasdefogu, en Cerdeña, el 2 de enero de 1961. El experimento fue difícil por las circunstancias climáticas adversas, pero, pese a todo, el pequeño equipo que formábamos lo consiguió. El cohete sonda liberó una nube de sodio a 200 kilómetros del suelo con el fin de estudiar, con el auxilio de las estaciones en tierra, la densidad y los movimientos de los vientos a gran altura.

Cuando hacía el servicio militar, como oficial de complemento de artillería, tuve el cargo de comandante de la sección de misiles en una gran unidad de la OTAN, la III Brigada de Misiles de Portogruaro, caracterizada por misiles de tipo Honest John. ¿Es cierto

que las primeras pruebas de lanzamiento de este tipo de arma se realizaron en Cerdeña?
A mí también me consta que se hicieron allí, concretamente en el polígono de Perdasdefogu. También sé que sustituyeron los Honest John, que más que misiles son cohetes, por los Lance, más modernos.

En su opinión, ¿cuáles son los momentos más significativos de la actividad espacial italiana?
Hasta ahora, la puesta en órbita de nueve satélites por la plataforma San Marco, y la del Sirio, un satélite geoestacionario para experimentos de telecomunicaciones que se lanzó desde el Centro Espacial Kennedy, en Florida.

¿Qué puesto ocupa Italia en el ámbito europeo desde el punto de vista de las actividades espaciales?
Somos los segundos en el *ranking* después de Francia, aunque el lanzamiento del primer satélite europeo le corresponde a Italia.

¿Qué tipo de colaboración existe entre Italia y el resto de los países europeos?
Nosotros formamos parte de la ESA y nuestras aportaciones se corresponden con nuestro producto nacional bruto (esto vale para los programas obligatorios, del orden del 12-13 por ciento).

¿Cómo considera el compromiso del Gobierno en las investigaciones espaciales italianas?
En general, nuestro Gobierno presta cierta atención a este tipo de actividades. Se crean leyes con el fin de instituir fondos para esta clase de investigación, fondos que luego siempre llegan con cierto retraso debido a cuestiones únicamente burocráticas.

Tal vez el lanzamiento más notable que se efectuó desde la base italiana fue el Small Astronomy Satellite (alias Explorer XLII) de la NASA, rebautizado Uhuru (que en suajili significa «Libertad») tras su puesta en órbita el 12 de diciembre de 1970. Fue el primer satélite estadounidense (con finalidades astronómicas) que se lanzó desde una base extranjera. Y es significativo que la NASA se dirigiera a la Italia de Broglio. Más tarde, en los años ochenta, entró en el Plan Espacial Nacional la Agenzia Spaziale Italiana (ASI, Agencia Espacial Italiana), y la actividad de Broglio se fue reduciendo gradualmente y se echó a un lado, aunque incluyeran al «padre» de nuestra astronáutica en el consejo administrativo de la agencia, lo cual no contribuyó a mejorar sus relaciones con el organismo oficial italiano «dominado por intrigantes, políticos y burócratas», decía el profesor con una pizca de amargura.

Y ciertos hechos le dieron la razón.

En la primera mitad de los años noventa, la ASI se vio envuelta en un escándalo que salió en todos los periódicos italianos. En el acreditado semanario *Epoca* del 23 de noviembre de 1993 puede leerse textualmente:

> Querían llegar a Marte, y quizá acaben aterrizando delante de los jueces que investigan la cara oculta de su gestión. Los administradores de la ASI, que en cinco años ha acumulado críticas, deudas y escasos éxitos, pueden tener un final muy poco glorioso. «Más fiestas que satélites...», ironiza en primera plana el periódico *La Repubblica,* y cuenta que el Tribunal de Cuentas está impaciente por saber cómo han gastado cantidades tan astronómicas. Por ejemplo, cómo se han comido, literalmente, 183 millones entre cócteles y almuerzos de trabajo.
>
> Y, sin embargo, los inicios, en 1988, fueron prometedores. La agencia iba a ser la NASA italiana; coordinaría universidades, centros de investigación e industrias; crearía puestos de trabajo y continuaría una tradición en la que destacan nombres como Enrico Fermi y Edoardo Amaldi.
>
> Pero nada. La operación más llamativa era el sistema de «satélites ligados». Tenía que ponerlo en órbita el primer astronauta italiano, Franco Malerba, de cincuenta y siete años y natural de Busalla, en órbita con la misión Shuttle del 31 de julio de 1992, pero todo falló por un simple perno.
>
> Por su parte, el astronauta Franco Batalli Cosmovici, que denunció irregularidades en las selecciones de participantes en los

vuelos espaciales, declaró que la NASA había elegido a Malerba «porque era masón».

La sonda en Marte quedó en los libros de ciencia ficción, igual que los satélites para explorar Saturno. La ASI acapara titulares de periódicos, pero por una historia mucho más vulgar. ¿De quién es la culpa? De la típica ecuación: dinero más política igual a despilfarro.

En la ASI circula mucho dinero, 800.000 millones de liras solamente en 1993, pero nunca es suficiente. Los viejos administradores coleccionan tantas irregularidades administrativas que sus propios contables están consternados. Se habla en voz baja de chóferes sobrepagados, administradores que anotaban como «misiones» todos los viajes de vuelta a casa en fin de semana, recibos que documentan trayectos en taxi de Roma a la Riviera de Liguria. Por no hablar de las decenas de millones en publicidad destinados a actos de partido, o de los cientos de millones gastados en regalos e incluso en financiar un concierto de «música espacial» en el Festival de Spoleto. Los viejos administradores niegan los despilfarros y se preparan para justificar todos los gastos sospechosos ante el Tribunal de Cuentas.

Es difícil comprender los problemas de la agencia sin conocer a sus protagonistas. El presidente socialista, Luciano Guerriero, es un científico, prácticamente el único de la ASI (a excepción del anciano Luigi Broglio, padre de la astrofísica italiana). Detrás de él hay un director general democristiano (siempre ha sido así; un sillón del Partido Socialista italiano y otro a la Democracia Cristiana) y un consejo de administración elegido con una balanza: cuatro democristianos, tres socialistas, dos comunistas... Estos administradores no son precisamente unos expertos. En Cabo Cañaveral aún recuerdan las visitas del exsenador comunista Giovanni Battista Urbani, profesor de Literatura Italiana en un instituto técnico y negado para los idiomas, pese a lo cual era responsable de mantener las relaciones con la NASA.

A los viejos administradores también les recriminaban unos gastos excesivos en consultorías externas (1.890 millones) y el chanchullo de la nueva sede. El consejo de administración estaba a punto de comprar un edificio en el centro de Roma por

60.000 millones, tres veces el coste que había pagado su propietario solo diez meses antes. Guerriero afirma que habría sido un «chollo», ya que el Istituto Nazionale delle Assicurazioni (INA) lo compró más tarde por 65.000 millones, pero el Tribunal de Cuentas impidió la adquisición. Entretanto, la ASI ya había gastado 559 millones en «consultorías» varias que había que saldar.

> En el frente científico, el caso más controvertido se llama Sax: en principio, en 1981, tenía que ser un satélite construido a medias entre los italianos y los holandeses, y debía estar listo para el lanzamiento en 1986, con un coste de 50.000 millones de liras. Doce años después, hemos llegado a una previsión de gasto de 700.000 millones, los holandeses se han desentendido del asunto y no se podrá lanzar antes de 1996. Por si todo esto fuera poco, muchos científicos han expresado fuertes dudas sobre un satélite que nacerá inevitablemente viejo. Tan viejo que nadie recuerda quién autorizó el proyecto. Se lo preguntaba el propio Antonio Ruberti, ministro para la Coordinación de Investigaciones Científicas y Tecnológicas, hace un año y medio. Hoy se lo preguntan los magistrados del Tribunal de Cuentas, y tal vez se planteen el mismo interrogante los de la Fiscalía de Roma. Sin embargo, el expresidente Guerriero no acepta críticas: «Todo es correcto. Son los gastos que establecimos en 1988, el Estado no gastará ni una lira más de lo que se decidió entonces. Esto es una maniobra de Remo Ruffini».

Hasta aquí *Epoca,* publicación que entonces era un prestigioso «testimonio de su tiempo». También podemos recordar las acaloradas denuncias de Franco Batalli Cosmovici, astronauta candidato, que acusó sin ambages a la ASI de irregularidades en la selección de los participantes italianos en futuros vuelos espaciales. Se llegó a decir que los estadounidenses habían elegido al astronauta Franco Malerba porque era notoriamente masón (condición, dicho sea de paso, totalmente respetable). Como puede verse, en el peculiar sector aeroespacial italiano también se produjo una batalla campal a base de venganzas políticas, en un clima similar al del proceso de corrupción bautizado como Tangentopoli.

¿Calumnias? En el fondo está claro que, dejando a un lado el contexto de judicialización del momento, el escándalo, indudablemente, tenía fundamento. Así, mientras Luigi Broglio negaba con la cabeza, descontento, solo cayeron algunas cabezas para salvar lo salvable y el buen nombre del país a ojos del mundo.

Mientras existan en el delicado sector aeroespacial posibles injerencias indebidas de empresas privadas del sector que solo quieran obtener ganancias fáciles e inmediatas a través de encargos de utilidad relativa, y mientras la prensa especializada no tenga el valor y la coherencia de no dejarse instrumentalizar por las industrias implicadas, el Gobierno no cumplirá con determinadas obligaciones y hará discutibles concesiones que impedirán priorizar investigaciones específicas y concretas. La Italia espacial forma parte del engranaje de la ESA y tiene una dependencia psicológica de la NASA, de modo que no irá muy lejos. Probablemente, la mejor manera de honrar a Broglio, a quien conmemoraron en 2001, si bien ello incomodaba a la ASI (que le dedicó la base de lanzamiento de globos estratosféricos de Trapani-Milo) por su mala relación con él cuando estaba con vida, es activar un tipo de política opuesta a la que demasiados miembros de la comunidad universitaria y del ámbito industrial italianos, centrados en barrer para casa, quisieran ver activarse en el *Belpaese*.

Para documentar ese malestar, concluiremos con una emblemática carta abierta de la profesora Claudia Ricci, docente del programa de doctorado en Biología Animal de la Universidad de Milán, que apareció con el título «Apelar a la cúpula de la ASI» en la revista mensual *Le Scienze* en noviembre de 2002:

> En la página web de la ASI, aparece el siguiente aviso en el apartado «Formación»: «De momento, la presidencia de la ASI ha decidido interrumpir el desembolso de fondos para programas de doctorado y organización de escuelas, cursos y congresos».
>
> A continuación, en el apartado «Programas de doctorado financiados por las unidades de programas científicos de la ASI», donde se enumeran nueve doctorados aprobados para el XVII ciclo (2001-2005), leemos la frase: «En espera de aprobación definitiva».

> Les voy a contar una breve historia edificante que, en mi opinión, ilustra cómo se gestiona la investigación actualmente en Italia. En respuesta a una oportunidad que ofrecía la ASI en abril de 2001, propuse un proyecto de investigación para que se encargara de él algún alumno del programa de doctorado.
>
> La propuesta fue aceptada y la ASI me comunicó que financiaría una beca para el estudiante que se dedicara a dicha investigación. La comunicación cumplía todos los protocolos y la firmaba el profesor Giovanni Bignami, que obviamente no se comprometía a título personal, sino como director de Programas Científicos de la ASI.
>
> La Universidad de Milán tomó nota de la comunicación e incluyó la beca ASI en la convocatoria oficial. Una vez publicada la convocatoria, se hace un concurso; en Italia, solo se accede a los programas de doctorado mediante un concurso. El examen del concurso para el programa de doctorado en Biología Animal de la Universidad de Milán se hizo a mediados de octubre de 2001. En noviembre, y de acuerdo con el resultado del concurso, empezó a investigar la licenciada que había ganado el puesto y que decidió emprender la investigación vinculada a la beca ASI.
>
> Con todo, el proceso para formalizar el acuerdo entre la ASI y la Universidad de Milán se paró tras unos cambios en la cúpula de la ASI, que consideró necesario suspender las iniciativas en curso. Y sigue parado.
>
> Por favor, ¿alguien puede informar a la cúpula de la ASI de que los programas de doctorado llevan un año en marcha, se está trabajando en los proyectos de investigación de los que se hizo cargo en 2001 y que siguen esperando una aprobación definitiva?

Huelga decir que, por mucho que un respetable proyecto de investigación en Biología Animal vinculado a una beca pueda sonar bastante ajeno a las finalidades operativas de la ASI, este no parece el modo más idóneo y sereno de recortar gastos. Pero, ya se sabe, siempre hay cosas peores.

Y, efectivamente, la ASI acabó pronto en el ojo del huracán, cuando muchos cuestionaron la presidencia de Enrico Saggese.

Cuando hablamos de políticas espaciales en Estados Unidos, pensamos en las discusiones sobre el futuro de la NASA y de los nuevos planes para conquistar el espacio que se producen entre el Congreso y la Casa Blanca. En cambio, en Italia, adquiere otros significados. Hace tiempo que la mala política se ha infiltrado en el sector aeroespacial italiano. Un sector de excelencia de la investigación científica y tecnológica, capitaneado por la ASI, que se ha visto implicado en un duro enfrentamiento institucional.

Desde hace tiempo, la animadversión hacia el presidente, Enrico Saggese, es del dominio público. Este procede del mundo de la comunicación por satélite, fue administrador delegado de Telespazio, del grupo Finmeccanica, y vicepresidente de dicho grupo. Angustiado por los escándalos que llevaron a su consejo de administración a defenestrar al presidente Guarguaglini, involucrado en conocidos y graves asuntos de sobornos, Saggese fue acusado de imponer a la ASI una visión orientada al desarrollo del sector satelital, de dedicar poca atención a la investigación pura y a las misiones de exploración y de estar transformando la agencia en un apéndice de Finmeccanica. Uno de los denunciantes era el predecesor de Saggese, el astrofísico Giovanni Bignami (de formación científica, a diferencia de Saggese, que es ingeniero), liquidado por el Gobierno de Berlusconi, pues un miembro destacado de este, Maurizio Gasparri, amigo íntimo de Saggese, pidió que lo sustituyeran.

A estas acusaciones de carácter más o menos científico se unieron otras más graves. Como las relacionadas con los gastos excesivos, en plena crisis, para construir el nuevo cuartel general de la agencia en Tor Vergata, que costó 64 millones de euros; o las acusaciones de dilapidar dinero público en el caso de dos viajes de trabajo para asistir a sendos lanzamientos al otro lado del océano, que costaron más de un millón de euros. A pesar de los numerosos interrogatorios parlamentarios, el Gobierno Berlusconi no puso objeciones a la segunda candidatura de Saggese a la presidencia de la ASI, aunque la validez de esa candidatura espontánea se consideraba dudosa a causa de los requisitos que imponía el Ministerio de Universidad e Investigación. Unas dudas que al final disipó la propia ministra, Mariastella Gelmini, que, dentro de las candidaturas que había, optó por renovar la confianza a Saggese. En cambio, el Tribunal de Cuentas tenía una opinión muy distinta, y en un informe sacaron a la luz servicios de muy dudosa utilidad (entre ellos, uno de «apoyo psicológico» que le habían encargado a la compañera de Saggese), numerosos contratos impuestos, personas a las que se otorgaron cargos directivos sin que poseyeran las competencias necesarias; incluso el abogado de la ASI, que también era abogado del Estado, acabó respondiendo a preguntas que él mismo había formulado.

La llegada del Gobierno Monti empeoró aún más las tensas relaciones institucionales. El ministro Francesco Profumo, expresidente del Consejo Nacional de Investigación de Italia (CNR), envió una carta muy dura a Saggese pidiéndole mayor transparencia a la hora de elegir a los miembros del consejo de administración, que no debían ser nombrados, sino seleccionados mediante un proceso público. Un proceso que se activó para elegir al nuevo director general. Con todo, la mala costumbre de los nombramientos a dedo reapareció en el delicado proceso de selección del nuevo presidente del Centro Italiano de Investigaciones Aeroespaciales (CIRA), un centro puntero aeroespacial de Italia controlado por la ASI. El ministro Profumo no soportaba que el presidente fuera el mismo Saggese y que no ocultara su intención de volver a ser candidato, de modo que alzó de nuevo la voz para pedir un proceso de selección público.

En el CIRA el ambiente tampoco era idílico, entre cartas anónimas de investigadores que pedían a la dirección que diera un paso al lado, y otras cartas, también anónimas, que confirmaban la confianza del personal del centro de Capua, en la provincia de Caserta, en el presidente Saggese. Entre acusaciones y contraacusaciones, hubo quien habló de una inminente intervención de la ASI. Una pésima señal, que demuestra que, incluso cuando se trata de hacer ciencia, sale siempre la mala costumbre italiana de llegar a acuerdos nada transparentes con el fin de vehicular en términos cuando menos discutibles fondos para subvencionar impropiamente ciertas industrias, ciertos departamentos, a ciertos personajes políticamente significados y a ciertos periodistas de medios escritos y de la televisión.

¿Periodistas? Sí, a ellos también, para que escriban cosas «agradables», «positivas» y «oportunas». Desde 1975, formo parte del Ordine dei Giornalisti y de la Unione Giornalisti Aerospaziali Italiani (UGAI) y lo he constatado muchas veces. No todos son como los profesionales de la UGAI, y siempre ha habido, y sigue habiendo, compañeros que se venden a cambio de un sobre o de propinas varias.

Si viera todo esto, Luigi Broglio se revolvería en su tumba...

Evidentemente, de esta perversa espiral de opacidad total en la gestión, en la ASI solo se salvan las figuras positivas de nuestros seis astronautas.

Los astronautas italianos que volaron al espacio son: Maurizio Cheli, Umberto Guidoni, Franco Malerba, Paolo Nespoli, Luca Parmitano, Roberto Vittori y la piloto de aviación Samantha Cristoforetti, mujer astronauta de la tercera Agencia Espacial Europea y la primera mujer astronauta italiana. Y ahora entremos en detalles.

- ◊ El primer astronauta italiano fue Franco Malerba (del 31 de julio de 1992 al 7 de agosto de 1992), a bordo del Space Shuttle, misión STS-46.
- ◊ El segundo y el tercero fueron, respectivamente, Maurizio Cheli y Umberto Guidoni (del 22 de febrero de 1996 al 9 de marzo de 1996), que volaron juntos a bordo del Shuttle, en la misión STS-75, y fueron los dos primeros astronautas italianos que volaron a la vez en el espacio. Luego Guidoni voló de nuevo en la misión STS-100, en 2001, y se convirtió en el primer italiano (y el primer europeo) en visitar la Estación Espacial Internacional, en volar dos veces en el Shuttle y en ir dos veces al espacio.
- ◊ El cuarto fue Roberto Vittori (del 25 de abril de 2002 al 5 de mayo de 2002), que visitó la estación a bordo de un vehículo Soyuz y que, por tanto, fue el primer astronauta italiano que voló en el espacio en un vehículo ruso. Vittori regresó a la estación en 2005, también con un vehículo ruso, y de nuevo en 2011, con un Shuttle. Tiene el récord

de misiones espaciales (tres) y de visitas a dicha estación (tres) de un astronauta italiano.

◊ El quinto fue Paolo Nespoli (del 23 de octubre de 2007 al 7 de noviembre de 2007), que visitó la estación a bordo de un Shuttle. Volvió al espacio con una Soyuz rusa en 2010 y pasó seis meses en la estación, del 15 de diciembre de 2010 al 23 de mayo de 2011, con lo cual se convirtió en el primer astronauta italiano que realizaba una misión larga (seis meses).

◊ El sexto fue Luca Parmitano, que en julio de 2013 operó en la Estación Espacial Internacional y efectuó actividad extravehicular (EVA, *extravehicular activity*).

◊ El séptimo fue Samantha Cristoforetti, piloto y capitán de combate de la Fuerza Aérea de Italia, quien en noviembre de 2014 se convirtió en la primera mujer italiana en llegar al espacio a bordo de la nave espacial rusa Soyuz, como parte de la tripulación de la misión número 42 Soyuz TMA-15M. También consiguió el récord femenino de permanencia en el espacio en una única misión, al estar 199,7 días en la Estación Espacial Internacional, rompiendo el récord de la astronauta de la NASA Sunita Williams, quien permaneció 195 días. El récord masculino lo ostenta Valeri Poliakov con 437 días. Regresó a la Tierra el 11 de junio de 2015, con un mes de retraso debido al fallo de dos cohetes rusos. Fue seleccionado en 2021 como miembro de la misión en el vuelo 4 del USCV. La ESA y Barbie han trabajado juntos en la creación de dos muñecas «únicas» a semejanza de la astronauta de la ESA Samantha Cristoforetti.

Saggese declaró al respecto:

> Hoy es un día muy importante para nuestra agencia y para todos los que han trabajado con nosotros. Veintiún años después de la primera misión de un italiano en el espacio, hemos conseguido lle-

> gar a la importante meta de la actividad extravehicular... Para comprender qué significa lo que ha hecho hoy Luca Parmitano, tenemos que compararnos con la competencia a la que nos hemos tenido que enfrentar. Realizar una actividad extravehicular es un enorme esfuerzo de preparación psicofísica por parte del astronauta, y de organización y adiestramiento para el resto de la estructura y de la organización.

Ya se sabe, siempre acabamos hablando de lo mismo.

Y el éxito de Parmitano hace que olvidemos todas las críticas, en parte también por la visita a Roma del administrador jefe de la NASA, Charles Bolden, que se reunió con la vicesecretaria de Asuntos Exteriores, Marta Dassù, y la ministra de Educación, Universidades e Investigación, Maria Chiara Carrozza, y luego con el primer ministro, Enrico Letta. «La exploración espacial es un instrumento importantísimo para educar y hacer comprender lo importante que es el espacio», dijo Bolden a la prensa en el Ministerio de Educación, cuando estaba con el presidente de la ASI, Enrico Saggese. «Me he reunido con Bolden, el director de la NASA, y hemos hablado de cómo reforzar la cooperación entre Estados Unidos e Italia en el ámbito espacial», anunció en Twitter el primer ministro Letta. Italia es el primer país de Europa en inversiones y participación en la Estación Espacial Internacional, y en cooperación con la ESA. Al corroborar que Italia seguirá implicada en la investigación para el uso pacífico del espacio, la ministra Dassù subrayó la importancia de la *special relationship* entre Estados Unidos e Italia, entre cuyos resultados se cuenta la larga misión del último astronauta italiano, Luca Parmitano, que permaneció seis meses en la Estación Espacial Internacional.

«Special relationship», dijo.

Exacto, una «relación especial».

Volviendo un momento al tema de los ovnis, a principios de 2013, con el fin de celebrar los veinte años de un encuentro anual y serio como el Simposio Mundial de Ovnis y Fenómenos Relacionados, organizado por el «Gobierno del Titán» de San Marino en colaboración con el Centro Ufológico Nacional y coordinado por mí, el Estado sanmarinense incluso emitió un sello conmemorativo para la ocasión. Dadas las circunstancias, y teniendo en cuenta sus declaraciones sobre el tema, pensamos en invitar a la vigésima primera edición del acto, el 23 y 24 de marzo de 2013, al astronauta estadounidense Edgar Mitchell, un personaje muy conocido. Y, para afrontar los gastos derivados de su participación (muy elevados, impuestos muy a su pesar por el hecho de que todos los *moonwalkers* —quedaban once tras la muerte de Armstrong— debían necesariamente adaptarse a los altos honorarios de la mayoría de los compañeros cuando los contrataban para actos públicos), tuvimos que recurrir a patrocinadores, ya que, desde hace veinte años, el acceso a los simposios de San Marino es abierto, libre y gratuito. Y no ha cambiado. Al fin obtuvimos la ayuda generosa y resolutiva de una importante empresa aeroespacial de Turín, cuyo responsable nos garantizó con sincero entusiasmo una aportación significativa. Solo que luego, de pronto, todo se truncó. ¿Saben por qué?

Porque, desde la ASI de Roma, alguien comunicó informalmente al interesado que la NASA no veía con buenos ojos la estancia en Italia del «rebelde» Mitchell, que iba diciendo por ahí que los ovnis eran astronaves extraterrestres, que los astronautas solían avistarlos y que el organismo espacial norteamericano lo sabía, pero se callaba, compinchado con el Gobierno de Washington. Nuestro benefactor, muy sorprendido por el carácter duro y explícito de la presión recibida, nos dijo que, muy a su pesar, se veía obligado a seguir el «consejo», porque venía del entorno de la ASI, con la que trabajaba su empresa y de la que él dependía. «Es más que evidente que les quieren poner palos en las ruedas, así es que mantengan ustedes un perfil bajo», nos recomendó.

No lo hicimos, y hasta sin Mitchell, el acto fue un enorme éxito.

Por supuesto, quien nos vetó y sugirió a nuestro posible patrocinador que nos boicoteara «en nombre de anteriores relaciones comerciales satisfactorias con la finalidad de mantener el buen nombre de Estados Unidos y de la NASA, así como la relación especial que nos une a Estados Unidos», es un mero ejecutor.

Sabemos muy bien quiénes mandan y dónde están. Por nuestra parte, es importante recordar a ciertos lacayos despreciables de la NASA que Luigi Broglio tenía una opinión muy distinta. A lo largo de la citada entrevista que nos concedió tras nuestra visita a «sus» plataformas San Marco y Santa Rita, le hicimos una pregunta final:

Profesor, ¿qué piensa de los ovnis?
En mi ambiente científico, he mantenido conversaciones de carácter ufológico, aunque no a un nivel completo. Sí tuve ocasión de leer el *Informe Condon,* en el que declararon que aproximadamente un 6-7 por ciento de los avistamientos no pueden explicarse.

Era un buen científico y estaba bien informado. Exactamente al contrario que quienes ocupaban ahora su puesto.

A ellos les recordamos que Hermann Oberth, «padre» de la astronáutica y maestro de Wernher von Braun, a quien entrevistamos en el Congreso de la Federación Astronáutica Internacional (Innsbruck, 1986), declaró:

> Estoy convencido de que los seres extraterrestres que hoy están observando la Tierra nos visitaron durante milenios en lo que hoy llamamos platillos volantes u ovnis.

En cuanto al miope y superficial ambiente aeroespacial de nuestro pobre *Belpaese,* preferimos no decir nada más...

El padre de la astronáutica italiana, el ingeniero Luigi Broglio, que ideó el proyecto San Marco, un programa de cooperación entre Italia y Estados Unidos mediante el cual se puso en órbita el primer satélite italiano, el San Marco 1. También fue el primer satélite del mundo lanzado desde un país que no era Estados Unidos ni la Unión Soviética. Durante varias décadas, Broglio dirigió el actual Centro Espacial Luigi Broglio de Malindi (Kenia), desde donde se lanzaron varios satélites de tamaño medio y pequeño hasta 1988. Actualmente, la base sigue estando operativa para el trazado y control de los satélites de la ESA.

Yo, Roberto Pinotti, subteniente de las Fuerzas de la OTAN en la III Brigada de Misiles (1971-1972), al mando del misil táctico Honest John, armado con una ojiva nuclear.

El aeropuerto de Malindi (Kenia) en 1976.

Malindi, visita a la plataforma de lanzamiento San Marco (Kenia, 1976).

Malindi, visita la plataforma de lanzamiento San Marco (Kenia, 1976).

Malindi, lanzamiento del satélite italiano San Marco.

Subiendo a la plataforma Santa Rita (Kenia, 1976).

Mi mujer y yo fotografiados junto a la plataforma de lanzamiento.

Detalle de la foto anterior en la que estamos mi mujer, Lidia Parentelli, un sirviente y yo en la plataforma de lanzamiento de San Marco, Malindi (Kenia, 1976).

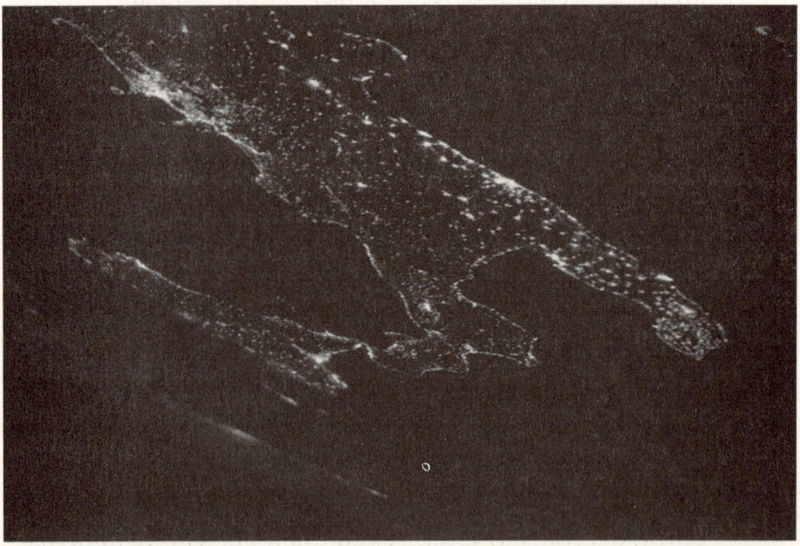

Italia vista desde el espacio en una sugestiva foto nocturna.

Capítulo 8

MÁS ALLÁ DE LOS LÍMITES HUMANOS

Ir al espacio es un reto que pone a prueba y lleva al límite las capacidades humanas. Por eso, y a pesar de los largos y cuidadosos entrenamientos, la historia de la exploración espacial ha registrado varios accidentes. Estos son los más importantes:

- ◊ 21 de julio de 1961. La cápsula Mercury (Estados Unidos) se hunde en el mar. El astronauta Grissom se salva milagrosamente.
- ◊ 27 de enero de 1967. Los norteamericanos Grissom, White y Chaffee mueren en la cápsula Apolo I a causa de un incendio durante las prácticas de lanzamiento.
- ◊ 24 de abril de 1967. El paracaídas de la Soyuz 1 no se abre. Muere durante el regreso el astronauta soviético Komarov.
- ◊ 13 de abril de 1970. Durante la misión lunar del Apolo XIII, explota el depósito de oxígeno. Alunizaje cancelado. Lovell, Swigert y Haise se salvan de milagro.
- ◊ 30 de junio de 1971. En la Soyuz 2 se quedan sin presión. Mueren por embolia los soviéticos Dobrovolski, Volkov y Patsaiev.
- ◊ 27 de septiembre de 1983. Explota el cohete propulsor antes de despegar. Los soviéticos Titov y Strekalov se lanzan desde la torre de salvamento.
- ◊ 8 de diciembre de 1983. Hay un principio de incendio a bordo del transbordador Columbia, que vuelve inmediatamente a tierra.

◊ 27 de julio de 1985. Uno de los tres motores principales del transbordador se avería justo después del lanzamiento. La órbita baja mucho más de lo previsto, pero los pilotos se salvan.
◊ 28 de enero de 1986. Es el día del mayor desastre astronáutico de la historia. El transbordador Challenger explota en Florida durante el despegue, y los siete astronautas a bordo mueren. El frío había deteriorado las juntas elásticas que unían los segmentos de los depósitos de propelente.
◊ 7 de septiembre de 1988. En la cápsula soviética Soyuz TM-5 se avería el ordenador para volver a tierra. Liájov y Mohmand aterrizan sin problemas al tercer intento.

Y, para concluir, este es el testimonio en directo del periodista Jacek Palkiewicz, del *Moskovskie Novosti,* que estaba en los centros de control de los vuelos espaciales de Kaliningrado y Zvezdny Gorodok, la Ciudad de las Estrellas, durante las fases de auxilio a los cosmonautas de la Soyuz TM-9:

> La tensión estaba pintada en los rostros, se respiraba en el aire aséptico de la sala de mandos. En cambio, el general parecía distante, con la expresión concentrada e impasible, y la mirada fija en la gran pantalla donde los dos hombres luchaban por sobrevivir a 400 kilómetros de la Tierra. A Vladímir Dzhanibekov, general mayor de las Fuerzas Aéreas soviéticas, no podía escapársele ni el más mínimo detalle, porque cualquier error suyo habría sido fatal para los astronautas. Lo veía absorber la tensión de ellos, descargarla y transformarla en órdenes claras y precisas: «Mueve ese mando, así, ahora abre».
>
> Uno de los hombres que estaban en la otra parte del cosmos pareció calmarse un poco, pero saltó igualmente: «¡No puedo! La maldita escotilla sigue cerrada». Yo intentaba interpretar la expresión del rostro del general, pero siempre era la misma. «Insiste —decía—. Hicimos pruebas en tierra. Tiene que funcionar. Trabaja con paciencia...»
>
> Vi la escena con mis propios ojos los días del incendio en la nave espacial. En la prensa mundial se solapaban las noticias alar-

mantes: «La vida de los astronautas de la Soyuz está en grave peligro», escribió alguien. Y también: «Tal vez no puedan regresar a la Tierra», «Un ataúd orbitante vagará por el espacio», etcétera.

Aquel día, el ambiente en la sala era realmente angustioso. A pesar de los escrupulosos entrenamientos, de los miles de pruebas y los sistemas de seguridad, nadie podía excluir al cien por cien el imprevisto, el error.

Durante diez minutos, por los micrófonos solo nos llegaron ruidos no identificables. Nadie hablaba, ni siquiera el general. De pronto, un grito, emocionado, liberador: «¡Lo he conseguido! La escotilla está lista para abrirse». Los técnicos y los científicos de la sala de mandos se sonreían unos a otros, y el rostro del general se veía más distendido.

La operación de salvamento de los hombres en la estación espacial Mir duró varios días. Al final, Anatoli Solovyev y Aleksandr Balandin quedaron fuera de peligro. La astronave Soyuz TM-9 que los había llevado hasta allí arriba se había estropeado mientras atracaba en la base cósmica. Tres de los ocho paneles de regulación térmica de la Soyuz se desprendieron y dañaron los sensores que controlaban el trayecto de vuelta a la Tierra.

Para resolver la avería, desde el polígono espacial de Baikonur lanzaron el módulo Krista, una minifábrica espacial que transportó todo el material indispensable. La operación era compleja y existían ciertos riesgos, pero se resolvió con un par de paseos espaciales. Además, Solovyev y Balandin habían considerado la posibilidad de que ocurriera y habían entrenado mucho las salidas de emergencia por reparaciones.

Aquí, en el centro de control de los vuelos espaciales de Zvezdny Gorodok, la Ciudad de las Estrellas, todos son conscientes de los graves obstáculos y contratiempos que pueden asaltarlos en cualquier fase del viaje. Por eso, en el centro de la cosmonáutica soviética hay cientos de técnicos las veinticuatro horas, y el lugar recuerda vagamente un gran teatro de dos plantas.

En primera fila, delante de los paneles y los monitores, está el jefe de la operación de salvamento. A su lado, por orden, el jefe de la sección balística, el médico y el especialista en instalaciones de seguridad a bordo. En la segunda fila hay especialistas de todas las instalaciones técnicas, y, en la tercera, están el responsable de los turnos, su adjunto, el responsable del conjunto de aparatos en tierra y el cosmonauta de servicio.

Desde este centro salen los «hilos electromagnéticos» hacia los satélites que exploran el espacio en busca de miles de pequeñas informaciones, se cambia la trayectoria de los vuelos, se controla la presión y el ritmo cardiaco de los astronautas. En la sala contigua, delante de 220 ordenadores, trabajan en bata blanca los mejores especialistas soviéticos en informática. En los pasillos, una luz espectral, el silencio amortiguado de los paneles térmicos y unas vibraciones que parecen venir del espacio.

Fuera de aquí, damos un gran salto atrás en el tiempo. Encontramos una ciudad de 10.000 habitantes, Kaliningrado, donde la vida late en torno al centro espacial, pero en una dimensión muy diferente. Los grandes cerebros científicos libran en estas calles la batalla cotidiana de la gente común en toda la Unión Soviética: poder comprar carne, zapatos, el último *best seller,* una nevera, leche. Observamos las largas colas delante de la tienda de comestibles y de la gasolinera mientras el general Dzhanibekov nos acompaña a su casa en el campo, donde pasará los dos primeros días de descanso tras dos meses sin parar.

Es una casa bonita, de madera, rodeada de abedules y pinos. Su mujer, Liliya, a la que conoció en 1957 en Uzbekistán, hace la comida mientras el general cuenta su historia.

Es un hombre considerado «de una raza especial», el primero de los «sesenta magníficos» astronautas soviéticos, el único que ha surcado cinco veces los infinitos espacios planetarios, dos veces héroe de la Unión Soviética. Y, sin embargo, viéndolo aquí, parece un señor tranquilo, aficionado a la pintura y al tiro con arco, mimado por su esposa y sus bellas hijas, con un bonito sueño en la cabeza: volver allí arriba.

Dzhanibekov nació en 1942 en la provincia de Taskent. Hijo de un bombero, crece con la idea fija del espacio, hasta que, en 1961, el año del histórico vuelo de Gagarin, la Academia Aeronáutica de Yeisk le abre las puertas. Son años de estudio, de vuelos simulados, de empleos como instructor.

Por fin, en 1970, le piden por carta que se haga un chequeo médico. Pero aún necesitará ocho años de entrenamiento muy duro en Zvezdny Gorodok antes de poder tocar el cielo con un dedo. Él será el encargado de acoplar en pleno vuelo la Soyuz 27 y la Salyut 6 con la cápsula Soyuz 26. ¿Tuvo miedo? «Yo no hablaría de miedo, sino de responsabilidad —responde con su tono de voz sereno—. Mi único miedo es no estar a la altura de una misión, porque le aseguro que nunca son fáciles.»

¿Y los riesgos? «Ah, sí. Se puede producir una explosión al despegar, una avería al aterrizar, la velocidad demasiado elevada en los acoplamientos del transbordador y el vuelo libre.» ¿Y ya está? «Bueno, están los meteoritos, que viajan a una velocidad de cien kilómetros por segundo, aunque, por suerte, esos grandes miles de toneladas son pocos...»

Al general no le gusta hablar. Alude a los sueños (los paisajes terrestres, su madre, sus hijas) y a Dios: «Aquí no se habla de Dios...». «Mi marido viaja donde pocos hombres han ido, pero, cuando vuelve, no tiene nada que decir», interviene con discreción su esposa.

Tras la visita a la casa, el general nos acompaña a la Ciudad de las Estrellas, la base militar situada a 40 kilómetros de Moscú. En un silencio cargado de aroma a pino, entrenan los mejores de los mejores. De 3.000 a 5.000 hombres al año, pilotos militares e ingenieros solicitan plaza para entrar, y al final quedan 200 seleccionados, pero solo dos o tres aprueban el difícil examen. También hay periodistas extranjeros que, por 12 millones de dólares y tras un año de entrenamiento, podrán ir al espacio. Era una apertura impensable hasta hace pocos meses, pero ese dinero sirve para tapar el agujero de los presupuestos, que han bajado de 20.000 millones a 5.000 millones de rublos.

Solamente la mitad de las tripulaciones que se entrenan en la Ciudad de las Estrellas saldrán a cumplir una misión, porque el cosmonauta no es un hombre cualquiera. «El cosmonauta —explica el jefe del centro, Vladímir Shatalov— debe tener una fuerte estabilidad emocional. Estamos hechos de la misma carne que los demás, pero nuestra carne debe resistir las aceleraciones y la ausencia de gravedad.»

Antes de marcharme, paso unas horas más con el general Dzhanibekov. Me enseña los cuadros que pinta; tiene un tema favorito: el cosmos. Tarde o temprano, quiere volver allí arriba.

Capítulo 9

NUEVOS INTERROGANTES SOBRE LA NASA

Que la NASA no es en absoluto lo que debería y lo que declara ser, hace tiempo que no es un misterio para nadie. El organismo espacial de Estados Unidos está lejos de ser únicamente un centro científico y de investigación civil dedicado al desarrollo de las ciencias espaciales y a la ampliación de nuestros conocimientos del universo. En realidad, la NASA opera en estrecho contacto con los militares de Estados Unidos y siempre ha desarrollado proyectos secretos para la Defensa de Estados Unidos, lo cual la convierte en un organismo ampliamente infiltrado por el poder político, el Pentágono y la inteligencia de Washington.

Es un hecho que hasta ahora la NASA ha reprimido con extrema cautela las noticias relacionadas con los ovnis y los extraterrestres; incluso llegó a declinar la invitación del presidente Carter a ocuparse del problema para contárselo al pueblo estadounidense. Luego, la NASA ha sido acusada en múltiples ocasiones de haber censurado información y haber manipulado datos, imponiendo el secretismo a su personal y falsificando ciertas imágenes transmitidas desde las sondas espaciales.

En un artículo del *National Examiner* del 22 de diciembre de 2008, Jeff Peckman incluyó las propuestas del doctor Peter Creola, ex alto funcionario de la ESA, que aprobaba la idea de una divulgación honesta en el tema de los ovnis y decía: «No debemos tener una confianza ciega en la NASA».

Peter Creola encabezó la delegación suiza en la ESA y fue jefe de la Oficina de Asuntos Espaciales (SSO) en Berna. Forma parte del grupo de personas que piden saber la verdad sobre los ovnis. La ESA es el equivalente europeo de la NASA.

Robert Fleischer, coordinador del movimiento exopolítico en Alemania, alabó a Creola diciendo: «No hay muchos altos funcionarios europeos que tengan el valor de salir a cara descubierta cuando se trata de la realidad del fenómeno ovni. En calidad de presidente de la Oficina del Programa Ariane, ha desempeñado un papel clave en el lanzamiento del primer vector europeo, el cohete Ariane, y ha participado en muchos proyectos importantes de la ESA».

Además, Fleischer recordaba las declaraciones de Creola, extrapoladas de una entrevista reciente publicada en la revista alemana *Mysteries.*

En su opinión, ¿el estudio científico del fenómeno ovni y sus sistemas de propulsión puede abrir nuevas oportunidades para nuestra actividad espacial?
Es obvio, sí, y no solamente en este sector, sino tal vez para el futuro de la humanidad. Todos los días constato con estupefacción cómo la ciencia, al menos oficialmente, ignora de forma sistemática las observaciones de naves silenciosas, que, evidentemente, no están sujetas a las leyes de la gravedad.

¿Usted cree que la agencia espacial estadounidense, la NASA, oculta pruebas sobre los ovnis?
La NASA forma parte de un sistema de gobierno. La organización tiene que adaptarse a la política oficial, con independencia de su orientación; no puede ser de otra manera. Por ejemplo, si la línea oficial impone no comentar algunos temas relacionados con la observación de ovnis, o si algunos de estos hechos atañen a la seguridad nacional, entonces la NASA seguirá esa doctrina. En realidad, en esta situación, no debemos tener una confianza ciega en la NASA.

Y lo mismo puede decirse de Roswell. Si se estrelló un objeto extraterrestre en la región en 1947, y si el Gobierno de Estados Unidos ha logrado mantener el embargo informativo hasta hoy, entonces la NASA se ve obligada a respetar esa actitud (de no divulgar).

Jeff Peckman concluye: «Los comentarios de Peter Creola son perfectamente coherentes con los testimonios de otros informadores recogidos por el Disclosure Project, incluidos ex altos funcionarios de gobiernos de todo el mundo. Deseamos que su coraje y su honestidad inspiren un esfuerzo similar dentro de la NASA estadounidense».

Hoy, además de las notas polémicas relacionadas con las imágenes controvertidas de la misión del Apolo XI y con las declaraciones de los astronautas norteamericanos sobre los ovnis que observaron durante las misiones espaciales de Estados Unidos, tal como narramos en el capítulo 5, circulan por la red otras dos historias inquietantes que aportan más elementos contra la NASA.

Veamos de qué se trata.

1. La tragedia del Challenger

Como es bien sabido, el 28 de enero de 1986, el transbordador Challenger explotó en Florida durante el despegue y los siete astronautas estadounidenses que iban a bordo murieron.

El desastre se produjo por la mañana, a las 11:39 EST (hora estándar del Este), cuando el transbordador Space Shuttle Challenger quedó destrozado tras 73 segundos de vuelo (al comienzo de la misión STS-51-L, la vigésima quinta misión del programa STS y el décimo vuelo del Challenger) a causa de una avería en una junta, llamada O-ring, en el segmento inferior del propulsor del cohete de combustible sólido (*solid-fuel rocket booster,* SRB) de la derecha.

La rotura de la junta provocó que salieran llamas del SRB, y estas hicieron que cediera la estructura del depósito externo (*external tank,* ET), que contenía hidrógeno y oxígeno líquidos. Algunas partes del orbitador, como el compartimento de la tripulación y muchos otros fragmentos, se encontraron después en el fondo del océano.

El lanzamiento se transmitió en directo por televisión, aunque muchos telespectadores lo siguieron en diferido a lo largo del día.

Iban a bordo siete astronautas: Dick Scobee, el comandante, y sus compañeros Michael John Smith, Ronald McNair, Ellison Onizuka, Gregory Bruce Jarvis y Judith Resnik.

Se unió a ellos Christa McAuliffe, que habría sido la primera profesora tripulante en un programa espacial. Estudiantes de todo el mundo esperaron en vano la transmisión televisiva de una clase de ciencias impartida desde el espacio.

Los vuelos en el espacio con tripulación se retomaron dos años después, con el lanzamiento del transbordador espacial Discovery el 29 de septiembre de 1988 y su misión de «regreso al vuelo» STS-26.

«A veces, cuando intentamos alcanzar las estrellas, fracasamos, pero tenemos que levantarnos de nuevo y seguir adelante a pesar del dolor», declaró el presidente de Estados Unidos, Ronald Reagan.

Y hoy, treinta años después, aparece una desconcertante hipótesis: que, en realidad, los miembros de la tripulación aún están vivos y que mantienen sus nombres ligeramente cambiados. Además, dos de ellos fingen ser hermanos gemelos de los astronautas fallecidos en la explosión de la nave. Christa McAuliffe habría adoptado su primer nombre, Sharon. De ser cierto, ello demostraría que el programa espacial de Estados Unidos se detuvo intencionadamente con evidentes fines políticos y de inteligencia. Un detalle importante: quizá los astronautas conservaron sus verdaderos nombres para no perder sus títulos académicos. Con identidades falsas, habrían tenido que proporcionarles licenciaturas falsas y eso habría podido ser contraproducente.

Ahí están las fotos. ¿Parecido casual de nombres y rostros o un colosal engaño (otro) perpetrado por la NASA?

Si son ustedes buenos fisonomistas, decidan si son o no son las mismas personas tres décadas más mayores.

Se dice que la fuente de internet es un artículo muy bien falsificado. Es curioso que muchas de las fuentes relacionadas parezcan existir realmente: <http://fellowshipoftheminds.com/2015/04/30/are-the-crew-members-of-1986-space-shuttle-challenger-still-alive/>.

Francis Richard Scobee
Cmdr of Challenger

Richard Scobee
CEO of Cows in Trees, Ltd.

Sharon Christa McAuliffe
Challenger Payload Specialist

Sharon A. McAuliffe
Syracuse Law Professor

Astronaut Judith Resnik — Professor Judith Resnik

Judith Resnik
Challenger Mission Specialist

Judith Resnik
Yale Law Professor

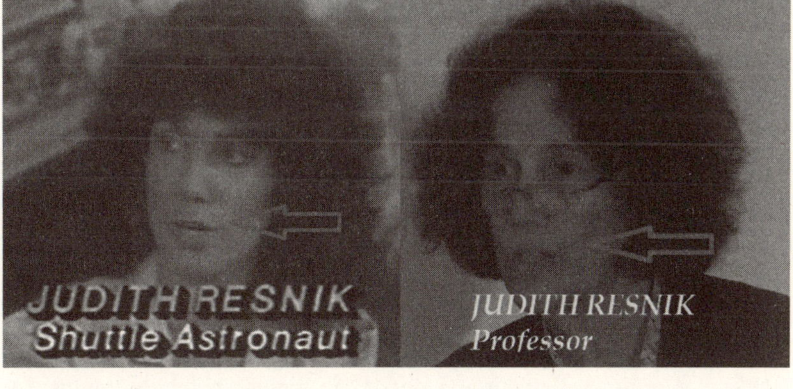

Michael J. Smith
Challenger pilot

Michael J. Smith
Professor Emeritus, U. of W-M

Ellison (l) and Claude (r) Onizuka

Ronald McNair
Challenger Mission Specialist

Carl McNair
brother of Ronald McNair

Escribe sobre el tema en internet Luca Praderio (5 de octubre de 2015, <www.fanwave.it/articoli/222-la-tragedia-del-challenger-fu-una-messa_inscena.html>):

En la web The Millennium Report, partiendo de la hipótesis de que pudo ser una puesta en escena para simular la muerte de siete astronautas, se preguntan qué aspecto tendrían ahora si seis de ellos aún estuvieran vivos y qué identidad podrían haber adoptado. El comandante de la misión era Francis Richard Scobee y hoy tendría ochenta y tres años; curiosamente, existe un Richard Scobee de la misma edad que se parece mucho al exastronauta y es CEO de una empresa de *marketing* y comunicación, Cows in Trees. En la web de la empresa, puede verse el vídeo de una vaca impulsada hacia el cielo por un cohete que deja tras de sí una nube en forma de seis similar a la nube de la explosión del Challenger. ¿Podría ser una señal para quienes sepan lo que buscan?

El piloto del Challenger era Michael John Smith y hoy tendría setenta y siete años; existe un Michael John Smith, cuya foto guarda un gran parecido con las del piloto (teniendo en cuenta el envejecimiento), exprofesor de Ingeniería Industrial y de Sistemas en la Universidad de Wisconsin-Madison. El especialista en misiones en el vuelo del Challenger era Ronald McNair, con un doctorado en Física, que hoy tendría setenta y dos años si estuviera vivo. En este caso, su hermano menor Carl, consultor didáctico y expresidente de la Ronald McNair, debería haber reemplazado a Ronald, muerto para todo el mundo. Otro especialista en misiones era Ellison Onizuka, que habría sido el primer astronauta de origen nipoamericano en ir al espacio. Si estuviera vivo, Ellison tendría setenta y seis años, pero a él también se le perdió el rastro, a menos que su hermano menor Claude sepa algo y hasta ahora lo haya mantenido en secreto.

Judith Arlene Resnik, especialista en misiones, debía ser la primera mujer judía estadounidense en ir al espacio (y la segunda mujer astronauta estadounidense en general). Hoy tendría setenta y tres años y tal vez podría ser una profesora de Derecho del Centro Arthur Liman de la Facultad de Derecho de Yale, que, además de guardar un gran parecido con la exastronauta en el rostro y el cabello, tiene una gestualidad y una voz muy similares a las suyas. Curiosamente, aunque hubo necrológicas para Resnik, no aparece ninguna Judith Resnik en el Social Security Death

Index (SSDI), la lista oficial de las personas fallecidas en Estados Unidos. ¿Un simple olvido? Por último, la profesora Sharon Christa McAuliffe habría sido la primera docente norteamericana en ir al espacio sin ser astronauta profesional y tendría setenta y cuatro años si aún estuviera con vida. Pues bien, existe una Sharon A. McAuliffe, profesora adjunta en la Facultad de Derecho de la Universidad de Siracusa, que, como en el caso de Liman, guarda un asombroso parecido con el que debería ser el rostro de la exprofesora, teniendo en cuenta el tiempo transcurrido. En este caso, también hubo necrológicas, pero en el SSDI no aparece registrada exactamente Sharon Christa McAuliffe, sino únicamente una Sha McAuliffe: ¿será ella o no?

Al final, del único astronauta del que, hasta el momento, no se han hallado rastros «póstumos» es del especialista de carga Gregory Bruce Jarvis, que tendría setenta y ocho años si aún estuviera vivo. Jarvis era ingeniero y había trabajado en la Raytheon, donde participó en la fabricación de circuitos para el misil tierra-aire estadounidense Sam D antes de entrar en la Fuerza Aérea de Estados Unidos (división espacial) y trabajar en el ámbito de los satélites de comunicación. Luego se fue a trabajar a la Hughes Aircraft Company y participó en el programa Marisat antes de entrar en la NASA. ¿Hubo algo en la carrera de Jarvis que provocó que fuera la única víctima «designada» de la misión STS-51-L? Es difícil decirlo. El caso es que, originariamente, Jarvis no tenía que ir en ese vuelo, porque primero lo habían asignado a la misión anterior (STS-61-C), pero luego lo sustituyó Clarence William Nelson II, en aquel entonces diputado y hoy senador demócrata de Florida, y lo reasignaron al fatal STS-51-L. Una misión y un accidente que tres décadas más tarde siguen presentando muchos puntos oscuros.

A pesar de las sombras y las contradicciones, el estadounidense medio tiene una imagen sustancialmente positiva de la NASA, y no habría comprendido ni comprendería (y menos aún justificaría) que se interrumpiese su actividad. Llegados a este punto, es legítimo preguntarse: ¿el inesperado y emotivamente trágico parón de dos años en los costosos programas de desarrollo del programa Shuttle de la NASA fue una decisión teórica, motivada por la intención de destinar los generosos fondos ya asignados al sector espacial al área de defensa y armamento en un momento de máxima tensión con la Unión Soviética? El primer encuentro entre Ronald Reagan y Mijaíl Gorbachov (que sucedió a Yuri Andrópov y Konstantin Chernenko como guía del expansionista «imperio del mal» soviético que invadió Afganistán y abatió un Jumbo civil surcoreano) se había producido un par de meses antes (el 19 de noviembre de 1985 en Ginebra), y los dos líderes todavía se estaban estudiando mutuamente mientras sus respectivas fuerzas militares y de inteligencia aún trabajaban en la dura lógica de un enfrentamiento frontal...

Y en la Casa Blanca también habrían preferido evitar tener que declarar un aumento necesario del gasto militar, pues ello constituía una señal política inequívoca, alarmante y nada tranquilizadora hacia la Unión Soviética, con el consiguiente e inevitable aumento de la tensión internacional hasta un punto dramático de no retorno.

Solamente algo así podía justificar aquel clima de «conspiración», que en tal caso habría tenido su razón de ser.

2. Marte: ¿la NASA ocultó los colores originales?

Es bien sabido que el planeta Marte es llamado «planeta rojo» por la abundancia de óxido de hierro que hay en sus rocas superficiales. Tal es el color que vemos en las imágenes de la NASA. Hemos incluido en un pliego en color las fotos de Marte para que se puedan apreciar las connotaciones con respecto a los colores.

Quizá demasiado rojo, mientras que el cielo se describe de color amarillento o amarronado. Entre los astrófilos han surgido dudas acerca de la autenticidad cromática de las imágenes oficiales.

En primer lugar, ¿por qué el planeta fotografiado por telescopios de aficionados no se ve tan rojizo como en las imágenes de la NASA y, además, aparece estriado de verde y azul?

La teoría de que pintan el planeta con colores falsos concuerda con las fotografías que muestran manchas oscuras de vegetación y casquetes de hielo de color azulado.

Veamos algunos ejemplos de fotos comparadas, que se ven en el cuadernillo.

Se ven claramente zonas muy oscuras incluso en las fotos de las sondas, sobre todo, en la zona ecuatorial, sin que se haya dado una explicación convincente.

Si en Marte existen seres vegetales que realizan la fotosíntesis clorofílica y, por tanto, liberan oxígeno en el aire, el cielo no debería verse amarillento como en las fotos de los robots que han enviado allí.

Por otra parte, la presencia de tanto óxido en las rocas superficiales podría sugerir que, en el aire de Marte, hay una cantidad discreta de oxígeno molecular (azul). Y luego está la combinación de dióxido de carbono y otros compuestos del oxígeno que constituyen más del 95 por ciento de la atmósfera.

Como se muestra en el cuadernillo, las imágenes tomadas con el telescopio espacial Hubble también muestran azul (arriba) en la atmósfera de Marte, un color ausente en las fotos más conocidas (abajo).

Podemos conjeturar que, si el fin de todo ello es ocultar la presencia de vida en Marte, el organismo espacial norteamericano puede haber alterado con filtros los verdaderos colores del planeta. Los astrónomos deberían explicar el origen del color azul en el cielo marciano.

¿Por qué el suelo de la izquierda es tan llamativamente rojizo?

Numerosos estudios efectuados sobre las fotografías que envían los centros de procesamiento parecen indicar que estas han sido «alteradas» para ocultar los tonos verdeazulados que crearían problemas a los científicos dedicados a convencer a la población de que Marte es un planeta muerto, simplemente un desierto rojo, frío y rocoso. La NASA suele definir «con colores falsos» ciertas fotografías rojizas de Marte, pero en los libros y periódicos se omite la falsedad de los colores.

Y tampoco se precisa el motivo por el cual las cámaras que llevan a bordo muchas sondas solo operan con los colores alterados por filtros o en blanco y negro (¡!), como en el caso de la sonda Rosetta.

Hay fotografías tomadas desde el módulo de aterrizaje del primer Viking de 1976 que muestran claramente imágenes de Marte en tonos azules. Y, si uno no confía en su monitor, basta analizar las imágenes con cualquier *software* gráfico.

De vez en cuando, salen fotografías que parecen realistas y que nos llevan a un tema del que se habla poco: el hecho de que la luz en la superficie de Marte debe de ser parecida o superior a la que ilumina la superficie de la Tierra. El planeta rojo se encuentra unos 80 millones de kilómetros más lejos del Sol que el nuestro (pero solo hay 50 millones de kilómetros entre su perihelio y nuestro afelio) y, como su atmósfera es mucho menos espesa, debería llegar al suelo un porcentaje de luz mayor. En el cuadernillo, la fotografía inferior muestra, probablemente, el auténtico paisaje marciano.

Esta forma parte del primer grupo de fotos de Marte enviadas desde la sonda estadounidense Viking, que muestran un día luminoso, con el cielo blanquiazul y el suelo de un color similar al típico de nuestras zonas áridas.

Si tienen ocasión de observar directamente Marte con un telescopio, hagan ustedes la «prueba de color» (<http://pianetax.wordpress.com/veri-colori-di-marte/>).

3. ¿Están realmente en Marte los *rovers* de donde vienen las imágenes marcianas que divulga la NASA?

Hoy, un número creciente de usuarios de la web, además de otras personas, sospechan que los *rovers* que envían imágenes de Marte, en realidad, están en la Tierra. Dicho de otro modo, las fotos que en teoría nos llegan desde Marte proceden de zonas remotas y áridas de nuestro planeta. Si los *rovers* que transmiten las imágenes a la NASA no están en Marte, ¿dónde se encuentran exactamente?

Mientras que Curiosity y Opportunity estarían de veras en el lejano planeta, uno de los lugares más o menos conocido en que la NASA habría creado las imágenes falsas sería probablemente la zona de Devon Island, en Canadá. Merece la pena señalar que

Devon Island es «la mayor isla deshabitada de la Tierra» y que se halla en una posición ideal para crear fotografías falsas de Marte.

¿Por qué estaría falsificando la NASA algunas o todas las misiones en Marte si no es para ocultar algo?

4. WikiLeaks: un *hacker* roba a la NASA una carpeta con una foto de Marte

Muchas personas, demasiadas, han olvidado WikiLeaks y su trabajo de divulgación de documentos gubernamentales mantenidos en secreto. Lamentablemente, los medios de comunicación ya no hablan mucho del tema, conscientes de que la gente tiende a olvidar las cosas. Sin embargo, el trabajo de equipo de WikiLeaks, a pesar de las luchas internas y externas, continúa.

En muchas ocasiones se convierte en un escaparate para documentos robados por *hackers* anónimos. Tal es el caso de un *hacker* que eligió la plataforma de WikiLeaks para publicar las fotos que encontró al descargar la carpeta de uno de los servidores de la NASA.

La carpeta contiene una serie de imágenes y documentos gráficos sobre las misiones actuales en Marte realizados por los *rovers* que se estarían desplazando por la superficie marciana.

Muchas de ellas, o quizá todas, nunca se han publicado y, al mirarlas, comprendemos perfectamente el porqué.

Hielo y minerales muy peculiares, hasta llegar a estructuras cuando menos insólitas. Algunas de las imágenes nos hacen sentir engañados y más manipulados que nunca.

Fuentes

◊ <https://www.youtube.com/watch?v=y5zkQJKZN8M>.
◊ «WikiLeaks Have Already Disclosed NASA's Secret — ALIENS ARE REAL»: <http://www.ufointernationalproject.com/latest-news/wikileaks-have-alreadydisclosed-nasas-secret-aliens-are-real/>.
◊ <http://misteroufo.blogspot.it/2015/06/i-segreti-rilevati da-wikileaks-sulla.html>.

Enlace directo a WikiLeaks, búsqueda: «Extraterrestres»

◊ <https://search.wikileaks.org/?query=extraterrestrial&exact_phrase=&any_of=&exclude_words=&document_date_start=&document_date_end=&released_date_start=&released_date_end=&new_search=True&order_by=most_relevant#results>.
◊ <https://search.wikileaks.org/?query=extraterrestrial+LIFE&exact_phrase=&any_of=&exclude_words=&document_date_start=&document_date_end=&released_date_start=&released_date_end=&new_search=True&order_by=most_relevant#results>.
◊ <https://search.wikileaks.org/?query=extraterrestrial+TECHNOLOGY&exact_phrase=&any_of=&exclude_words=&document_date_start=&document_date_end=&released_date_start=&released_date_end=&new_search=True&order_by=most_relevant#results>.

Capítulo 10

EL BLACK KNIGHT EN ÓRBITA TERRESTRE

La hipótesis del llamado Black Knight, un presunto satélite desconocido en órbita polar anterior a 1957, año del lanzamiento del Sputnik ruso, tuvo su origen cuando muchos periódicos, entre ellos el *St. Louis Post-Dispatch* y el *San Francisco Examiner*, publicaron, en 1954, noticias atribuidas al mayor Donald Keyhoe, investigador de ovnis, el cual afirmaba que la Fuerza Aérea estadounidense había identificado dos satélites de origen desconocido orbitando alrededor de la Tierra. Era un hecho imposible en aquella época, puesto que aún no existían los satélites artificiales.

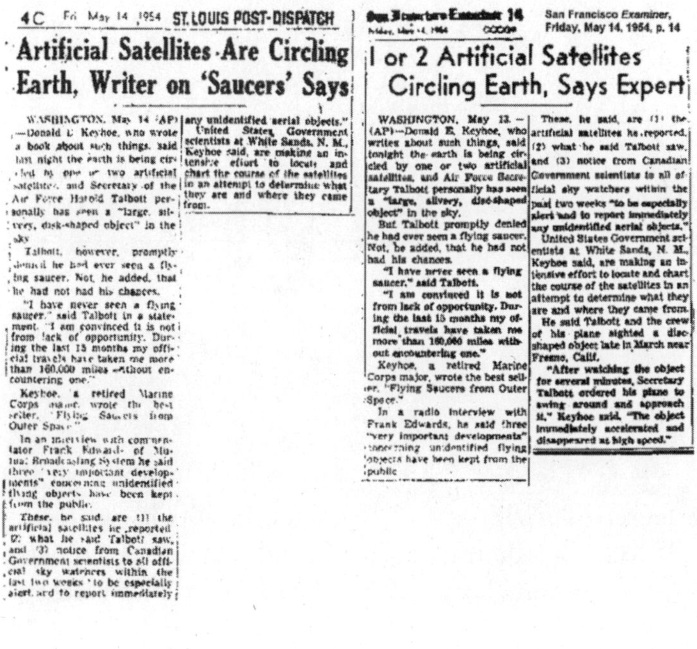

4C Fri May 14 1954 ST. LOUIS POST-DISPATCH

Artificial Satellites Are Circling Earth, Writer on 'Saucers' Says

WASHINGTON, May 14 (AP) —Donald E. Keyhoe, who wrote a book about such things, said last night the earth is being circled by one or two artificial satellites, and Secretary of the Air Force Harold Talbott personally has seen a "large, silvery, disk-shaped object" in the sky.

Talbott, however, promptly denied he had ever seen a flying saucer. Not, he added, that he had not had his chances.

"I have never seen a flying saucer," said Talbott in a statement. "I am convinced it is not from lack of opportunity. During the last 15 months my official travels have taken me more than 160,000 miles without encountering one."

Keyhoe, a retired Marine Corps major, wrote the best seller, "Flying Saucers from Outer Space."

In an interview with commentator Frank Edwards of Mutual Broadcasting System he said three "very important developments" concerning unidentified flying objects have been kept from the public.

These, he said, are (1) the artificial satellites he reported, (2) what he said Talbott saw, and (3) notice from Canadian Government scientists to all official sky watchers within the last two weeks "to be especially alert and to report immediately any unidentified aerial objects."

United States Government scientists at White Sands, N. M., Keyhoe said, are making an intensive effort to locate and chart the course of the satellites in an attempt to determine what they are and where they came from.

San Francisco Examiner 14
Friday, May 14, 1954

San Francisco *Examiner*, Friday, May 14, 1954, p. 14

1 or 2 Artificial Satellites Circling Earth, Says Expert

WASHINGTON, May 13.—(AP)—Donald E. Keyhoe, who writes about such things, said tonight the earth is being circled by one or two artificial satellites, and Air Force Secretary Talbott personally has seen a "large, silvery, disc-shaped object" in the sky.

But Talbott promptly denied he had ever seen a flying saucer. Not, he added, that he had not had his chances.

"I have never seen a flying saucer," said Talbott.

"I am convinced it is not from lack of opportunity. During the last 15 months my official travels have taken me more than 160,000 miles without encountering one."

Keyhoe, a retired Marine Corps major, wrote the best seller, "Flying Saucers from Outer Space."

In a radio interview with Frank Edwards, he said three "very important developments" concerning unidentified flying objects have been kept from the public.

These, he said, are (1) the artificial satellites he reported, (2) what he said Talbott saw, and (3) notice from Canadian Government scientists to all official sky watchers within the past two weeks "to be especially alert and to report immediately any unidentified aerial objects."

United States Government scientists at White Sands, N. M., Keyhoe said, are making an intensive effort to locate and chart the course of the satellites in an attempt to determine what they are and where they came from.

He said Talbott and the crew of his plane sighted a disc-shaped object late in March near Fresno, Calif.

"After watching the object for several minutes, Secretary Talbott ordered his plane to swing around and approach it," Keyhoe said. "The object immediately accelerated and disappeared at high speed."

El tema se relacionó con el fenómeno de la señal de radio de los *long delayed echo* de origen desconocido que Nikola Tesla captó, que se repetía y se creía que venía del espacio.

Star Banner - 11 febbraio 1960 - Ocala, Florida **Pag 1**

Mystery Satellite Tumbles Through Space

WASHINGTON (AP) — A dark satellite that the Pentagon said may be of Soviet origin tumbled through space today in an orbit of mystery.

Its path over the poles was one that would be desirable for any type of "seeing eye" space spy.

Moscow was saying nothing about it.

Here's all that's known about the mystery object, according to the Defense Department:

It appears to be in a near polar orbit. It is dark and is probably less than 19 feet long. It is silent, as far as U. S. monitors are concerned.

But American space scientists have not ruled out the possibility that the satellite could be sending messages if triggered by a remote receiving station in the Soviet Union. However, these scientists have learned from experience that it is difficult to receive signals from a space vehicle tumbling in orbit, as this one appears to be doing.

At Jodrell Bank in England, scientists at the British radio telescope said they knew of no satellite sent aloft by the Soviets recently and that they have no information on any new satellite around the poles.

Navy tracking stations first spotted the object about three weeks ago, but the Defense Department said nothing about it.

There was no official comment until after word was publicized Wednesday that the Pentagon was buzzing with "what is it?" speculation.

American scientists quickly estimated the possibility that the space traveler was one of the known American or Soviet satellites which had been launched in a generally east-west orbit.

They also tended to rule out the possibility that it could be a part of Soviet's Lunik III that took a picture of the far side of the moon last October.

Six U.S. Discoverer satellites have been fired into polar orbits. The only one of them still circling is Discoverer VIII, launched last Nov. 20 from Vandenberg Air Force Base, Calif.

Navy trackers who keep a continuous watch on all space objects said they knew the whereabouts of the Discoverer rocket casings—and that this object was not one of them.

The only indication of the mys-

Continued On Page 4, No. 1

1 Continued from page 1

tery satellite's size came in the Pentagon's comment that the object is slightly smaller than the Discoverer carrier rockets. These carrier rockets are 19.2 feet long and 5 feet in diameter, weighing 1,400 pounds at burn-out. Their ejectable capsules weigh 300 pounds.

The Navy's "Spasur" (Space Surveillance) fence which first picked up the mystery satellite extends across the southern part of the United States. Ships in the Atlantic and Pacific also carry on tracking operations. The Pentagon says this assures "that passive or silent satellites will not be able to orbit unnoticed above the United States."

The "Spasur" setup includes stations at Jordan Lake, Ala; Ft. Stewart, Ga.; Silver Lake, Miss.; Gila River, Ariz.; Elephant Butte, N.M., and Brown Seals, Calif.

Their transmitters send a continuous fan-shapped spray of radio frequency energy into the sky. A satellite passing through the "fence" is detected by the energy it reflects to the sensitive receiving antennas.

Such information is relayed to Dahlgren, Va., where it is analyzed.

En febrero de 1960 causó sensación la noticia de que la US Navy, la Marina militar de Estados Unidos, había descubierto un objeto negro girando en una órbita inclinada setenta y nueve grados con respecto al Ecuador y con un periodo orbital de 104,5 minutos. También señalaron que tenía una órbita muy rara, con un apogeo de 1.728 kilómetros (1.074 millas) y un perigeo de 216 kilómetros (134 millas). En aquel momento, sugirieron que podía ser un trozo del revestimiento desprendido en el lanzamiento del satélite Discoverer VIII, cuya trayectoria era muy similar, y confirmaron oficialmente que se trataba de otra parte de esta cobertura inerte que habían dado por perdida.

El tema se retomó y fue cuestionado en un artículo del periódico local *Star-Banner* de Ocala (Florida) el 11 de febrero de 1960.

Las fotos que se difundieron mostraban un cuerpo de forma irregular que no parece inerte, sino propulsado por fuentes energéticas luminosas.

En su informe del 15 de octubre de 1966, publicado con 15 días de retraso, la NASA admitió por primera vez que tres objetos desconocidos estaban en órbita alrededor del globo. Los radares los habían descubierto en mayo, y los observadores norteamericanos no los habían perdido de vista desde entonces, aunque no lograron averiguar nada concreto. Por razones de seguridad, el informe no indicaba el tamaño de los objetos intrusos, pero aseguraba que no suponían «una amenaza para Estados Unidos». Las comisiones estadounidenses que investigaban la aparición de ovnis utilizaron varias veces esa misma frase en sus informes finales. ¿Una simple coincidencia?

Es posible, pero, como señaló el semanario *Epoca,* existían tres hipótesis: «Los cuerpos desconocidos podrían ser fragmentos de misiles que suponíamos que estaban destrozados, o meteoritos "capturados" por la gravedad terrestre, o vehículos espaciales de origen extraterrestre». La revelación de la NASA «coincide con una nueva ola de avistamientos de "platillos volantes" en todo Estados Unidos y con la publicación de nuevas fotografías desconcertantes. Y esto ha dado pie a las suposiciones más fantasiosas».

En realidad, aquellas inquietantes presencias tenían muy poco de fantasía. Por la inclinación de la órbita de los tres objetos misteriosos, era imposible que los hubieran lanzado desde la Unión Soviética, y en particular desde los cosmódromos de Baikonur, Tyuratam y Kapustin Yar; en todo caso, la órbita podía indicar un origen norteamericano o francés. En el fondo, no podían tomar en consideración la hipótesis.

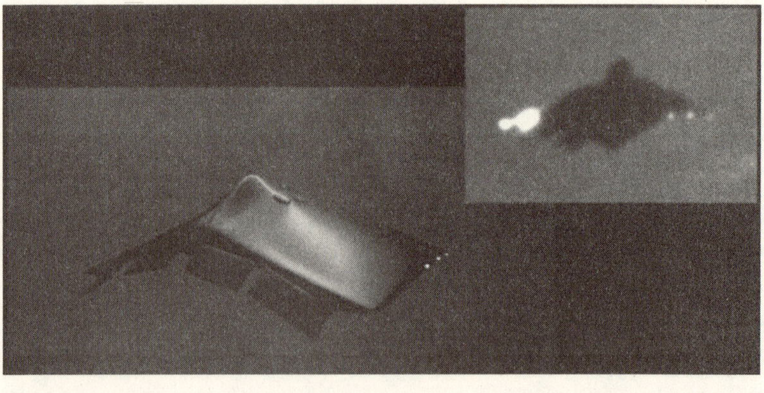

El 29 de enero de 1971 llegó la confirmación: el Centro de Vuelo Espacial Goddard reveló que, de los 2.048 objetos que había entonces en órbita terrestre, 1.540 eran estadounidenses; 456, soviéticos; 32, franceses; 3, canadienses; 3, británicos; 6, alemanes occidentales; 2, de la Organización Europea para la Investigación Espacial (ESRO); 3 eran chinos; 1, australiano; 1, japonés; y, por último, 1, de la OTAN. Todos los objetos se habían identificado como satélites, cohetes propulsores o fragmentos varios de origen terrestre.

Lo que no pudieron determinar fue el origen y la posible fecha de lanzamiento de tres objetos. Otra vez había alguien que estaba de más.

Y el enigma del Black Knight, el Caballero Negro, sigue siendo un misterio.

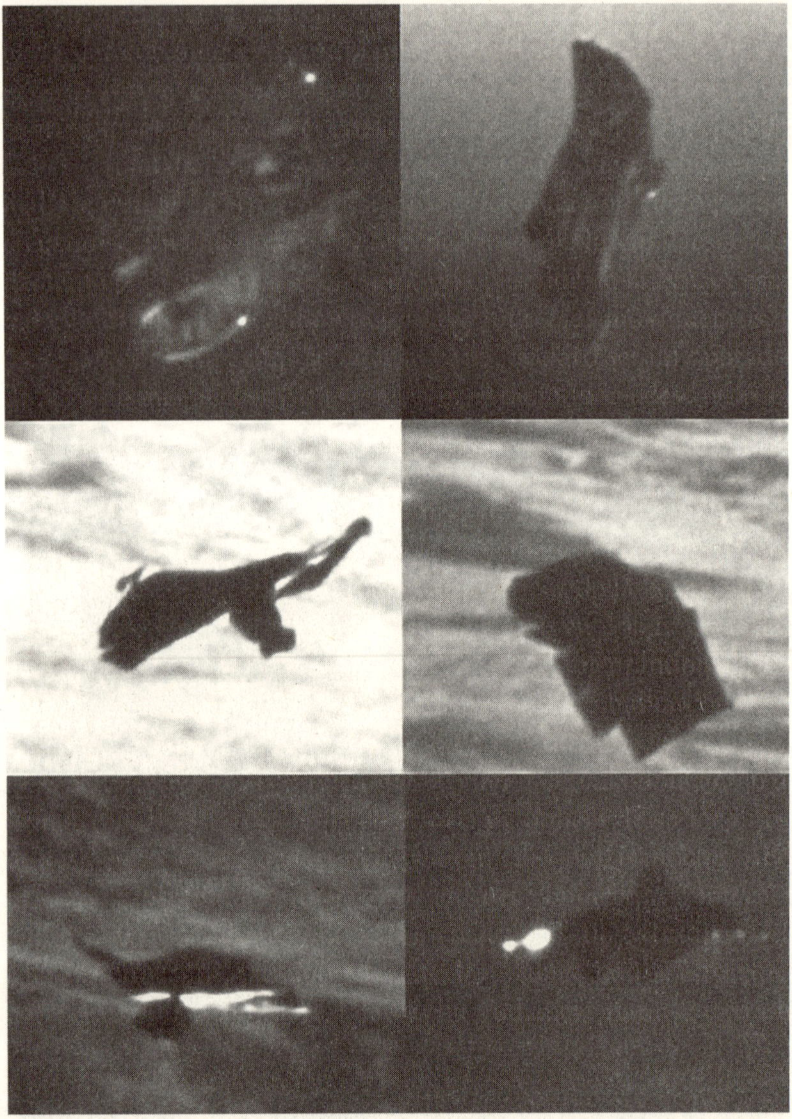

Durante la misión STS-88 del programa Space Shuttle, fotografiaron varias veces al Black Knight.

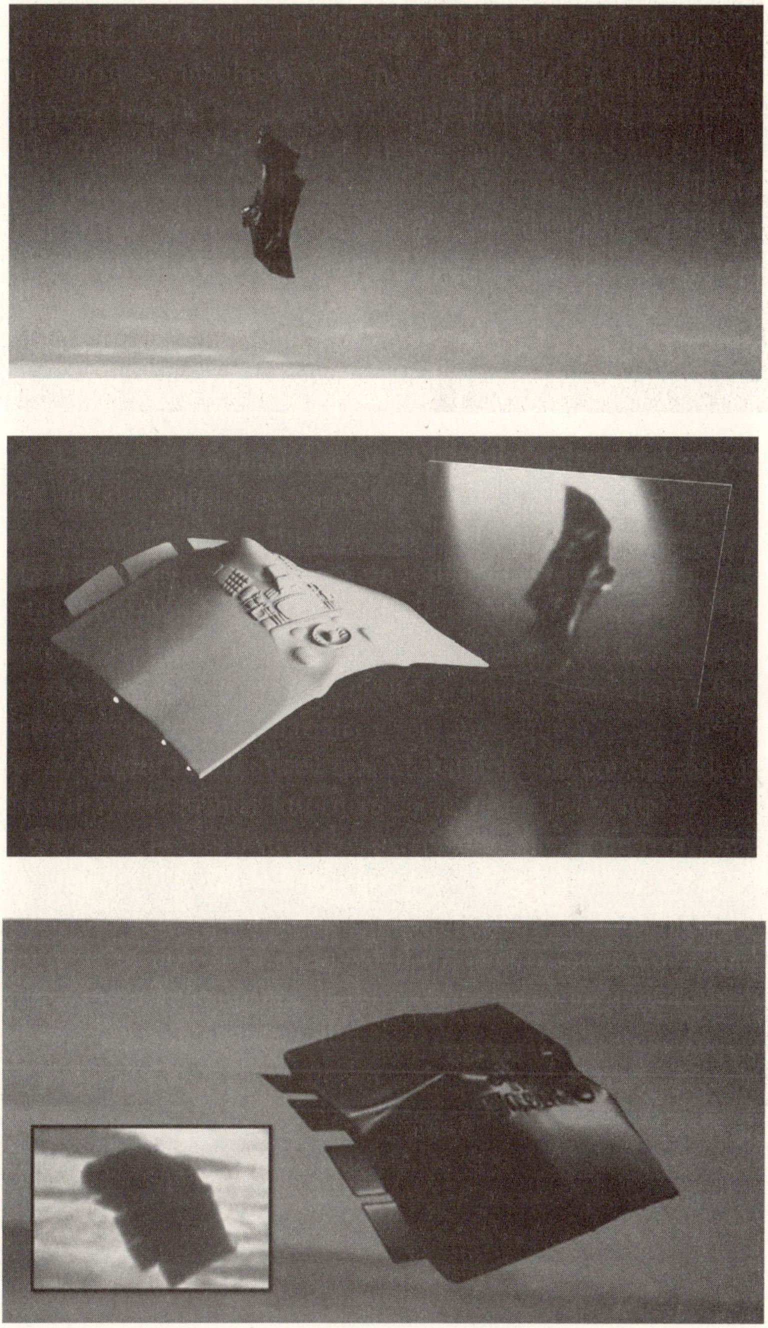

Reconstrucción tridimensional del objeto.

Capítulo 11

ENTRE LA HIPÓTESIS Y LA REALIDAD: NASA, MILITARES, ALIENÍGENAS, *HACKERS* Y ACTIVIDADES ESPACIALES NO DECLARADAS

Desde hace tiempo, se rumorea insistentemente que existe una flota espacial terrestre *top secret,* dotada de avanzadísimos vehículos antigravedad. Una flota que seguiría las directrices de una especie de gobierno mundial secreto dirigido por Estados Unidos que, gracias a la colaboración de visitantes alienígenas, habría construido bases permanentes en la Luna y en Marte.

¿Fantasías absurdas? Tal vez.

Lo cierto es que, mientras se fabricaban y probaban vehículos supersecretos caracterizados como «tecnologías exóticas», siguiendo la estela, en primer lugar, de los vehículos «invisibles» al radar de tipo Stealth y luego del fantasmal vehículo estratosférico Aurora, la NASA anunció el fin del programa Space Shuttle y despidió a gran parte de sus técnicos. Suscitó también mucha perplejidad la noticia de que la NASA había abandonado por completo el programa Space Shuttle dejando a los rusos el cometido de transportar al personal humano a la Estación Espacial Internacional. De esta manera, el organismo espacial de Estados Unidos terminó una labor de exploración espacial de treinta años y miró hacia la empresa privada...

Dicho de otro modo, la NASA intenta cultivar un sector comercial que gestionará expediciones de astronautas al espacio, pero la aventura, que incluirá la colaboración de empresas del sector privado, como la SpaceX y la Boeing, de momento solo se concentrará en el desarrollo de *hardware,* sin que haya objetivos declarados, aparte de los vuelos en órbita baja alrededor de nuestro planeta. El gran *show* de la exploración espacial norteamericana, que empezó con la aventura de las misiones lunares Apolo, parece haber concluido casi del todo, de modo que se baja el telón de los vuelos espaciales... O eso parece.

En la NASA se han comportado muchas veces de un modo curioso. Las misiones lunares terminan oficialmente en diciembre de 1972 con la del Apolo XVII. La motivación oficial, tras varios años en que el Gobierno estadounidense había pedido a los ciudadanos un gran esfuerzo para apoyar el compromiso económico espacial, fue que «ahora ya no hay nada que ver en la Luna». Lo cual es completamente falso. En aquella época ya existían desde hacía tiempo una serie de proyectos para construir bases permanentes en este satélite, aunque casi todos eran de tipo militar. Por ejemplo, en el grupo del proyecto Horizon, habían planificado que los astronautas militares norteamericanos, tras construir la primera estación lunar permanente, plantaran minas M18A1 Claymore alrededor de la base (su nombre en código: Alpha, como los de la serie televisiva de ciencia ficción *Space: 1999*) para evitar que los cosmonautas rusos se acercaran y los agredieran. Planes pensados al detalle, que incluían laboratorios de física en condiciones de baja gravedad, invernaderos hidropónicos, sistemas de detección espacial y misiles de alta precisión.

En vez de lanzar ese programa, la NASA rescató a finales de los años setenta el proyecto Space Shuttle, que se remontaba al concepto de transbordador reutilizable diseñado en 1969 por la North American Rockwell, basado a su vez en una idea de 1933 del ingeniero alemán Eugene Saenger. Nada nuevo, pues. Unos años después, el 12 de abril de 1981, se efectuó el lanzamiento del primer transbordador espacial, el Columbia. Las misiones Shuttle siempre se realizaban en órbita baja alrededor de la Tierra, de modo que, ¿dónde queda la conquista del espacio?

Muchos consideran que, a lo largo de estos años, algunos organismos espaciales paramilitares de Estados Unidos han decidido continuar su carrera espacial en secreto, sin tener que justificar sus operaciones ante la opinión pública o el Congreso.

Probablemente, tal opción vino determinada por la expresa voluntad de Estados Unidos y de algunos países aliados suyos de mantener en secreto la presencia de vehículos extraterrestres en el espacio que rodea la Tierra y la Luna. Mantener silencio fue dificilísimo durante las misiones lunares Apolo, pero, más adelante, con la rápida evolución de la tecnología, sería cada vez más difícil. Durante las primeras misiones lunares, varios radioaficionados recibieron fragmentos de conversaciones en canales encriptados, donde el mando de la misión de la NASA aludía explícitamente a la actividad de los ovnis. La voluntad de militarizar el espacio, y de hacerlo, además, en colaboración con los rusos para afrontar juntos la incógnita alienígena, empezó a madurarse en los años sesenta, desde el final de la crisis cubana. El proyecto de pruebas Apolo-Soyuz (ASTP) fue oficialmente la primera colaboración entre Estados Unidos y la Unión Soviética en el sector de los vuelos espaciales, y concluyó con el encuentro del 17 de julio de 1975. En realidad, según varios confidentes gubernamentales, era un test para proyectos más ambiciosos.

Según otra versión, en aquella época hacía ya tiempo que Estados Unidos y la Unión Soviética poseían algunos vehículos no terrestres que se habían estrellado, y estaban estudiando su ingeniería inversa para poder crear una nueva clase de vehículos espaciales muy avanzados, capaces de anular de modo parcial los efectos de la gravedad.

Algunos consultores de las Fuerzas Armadas y de empresas privadas declararon abiertamente la existencia de vehículos que aprovechaban la antigravedad, como el Aurora y el TR-3B.

En su libro *The Hunt for Zero Point*, el analista Nick Cook, del *Jane Defense Weekly*, escribió: «Desde los años ochenta, nos preguntábamos por la existencia de un sucesor del secreto Blackbird, y creíamos que sería el nuevo prototipo llamado Aurora, que podía volar dos veces más rápido en los límites de nuestra atmósfera» (pág. 14).

Reconstrucción del Aurora.

Otros informadores, como Edgar Fouché, un exempresario experto en aviónica del Departamento de Defensa de Estados Unidos, sostenían que el Aurora, después del Blackbird (o SR-71), era uno de los dos tipos de vehículos hipersónicos para ir al espacio: «El Aurora, seguido del SR-75, podía volar a Mach 5, y servía como nave nodriza para la SR-74, que podía llegar a Mach 18 y transportar los satélites al espacio».

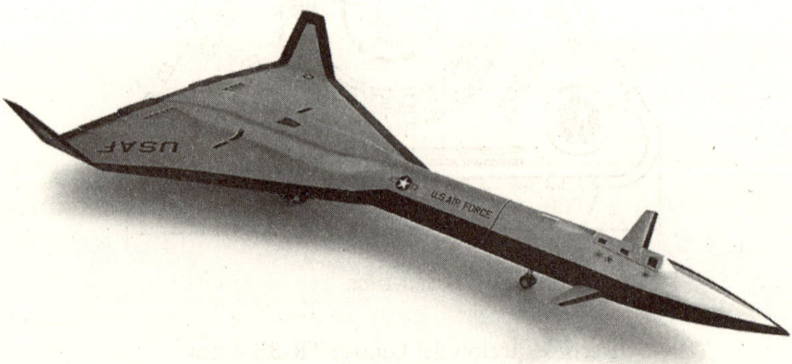

Reconstrucción del SR-75 Penetrator.

Luego estaba el TR-3B, de forma triangular, que, según Fouché, generaba un intenso campo electromagnético y reducía el peso en un 89 por ciento. Edgar Fouché también afirmaba que el TR-3B utilizaba el efecto Biefeld-Brown (creado por grandes cargas electrostáticas); entonces, los sistemas de protección más convencionales, como el Scramjets, permitían velocidades prodigiosas, muy por encima del Mach 18, la velocidad del SR-74 a pesar de su diámetro de 200 metros, y su tamaño, similar al de un portaaviones.

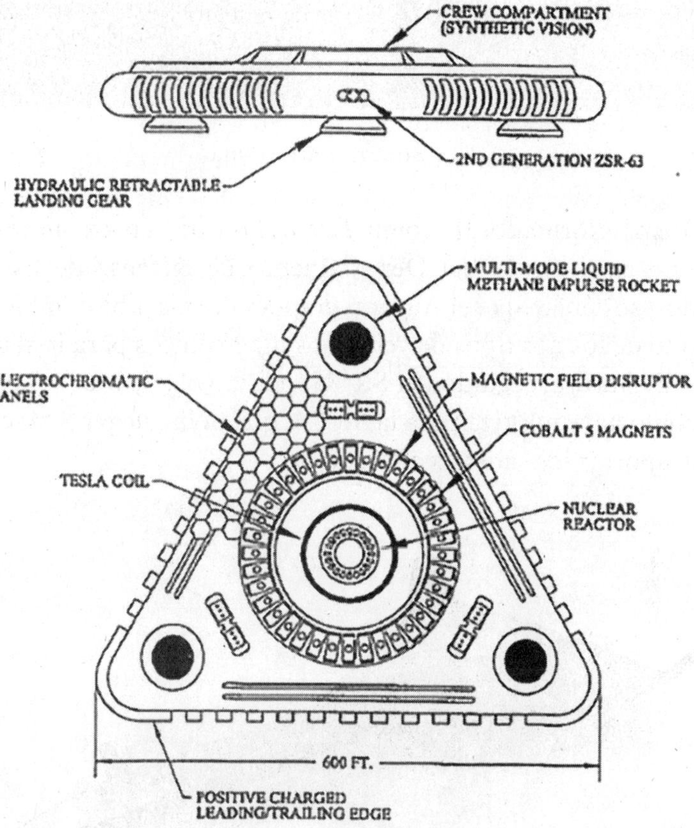

Reconstrucción del famoso TR-3B Astra.

Según cuenta Fouché, en los años setenta, Estados Unidos habría creado en el Área 51 los citados prototipos denominados

TR-3B, o «triángulos volantes», basados en la tecnología alienígena y capaces de hacer maniobras y alcanzar velocidades imposibles. Años más tarde, el 30 de mayo de 1990, a pocos kilómetros de la frontera con Holanda, cientos de personas observan las evoluciones de un extraño aparato de forma triangular. Los radares que controlan el tráfico aéreo de la zona captan una señal anómala. A las 00:05 horas, desde el cuartel general de la Fuerza Aérea belga parte la orden de que despeguen dos F-16, que enseguida entran en contacto por radar con el objeto. De repente, el ovni triangular pasa de 100 a 600 metros de altitud y acelera de 280 a 1.700 kilómetros por hora en un segundo. Los cazas desisten.

Los objetos triangulares avistados en Bélgica en 1990 podrían formar parte de una patrulla de TR-3B asignada a un sector secreto de la OTAN, cuya actividad es absolutamente *top secret*, y, por tanto, desconocida incluso para las Fuerzas Aéreas belgas.

US 20060145019A1

(19) **United States**
(12) **Patent Application Publication** (10) **Pub. No.: US 2006/0145019 A1**
St. Clair (43) **Pub. Date: Jul. 6, 2006**

(54) **TRIANGULAR SPACECRAFT**

(76) Inventor: **John Quincy St. Clair**, San Juan, PR (US)

Correspondence Address:
JOHN ST. CLAIR
52 KINGS COURT, 4A
SAN JUAN, PR 00911 (US)

(21) Appl. No.: **11/017,093**

(22) Filed: **Dec. 20, 2004**

Publication Classification

(51) **Int. Cl.**
B64G 1/40 (2006.01)
(52) **U.S. Cl.** **244/171.5**

(57) **ABSTRACT**

A spacecraft having a triangular hull with vertical electrostatic line charges on each corner that produce a horizontal electric field parallel to the sides of the hull. This field, interacting with a plane wave emitted by antennas on the side of the hull, generates a force per volume combining both lift and propulsion.

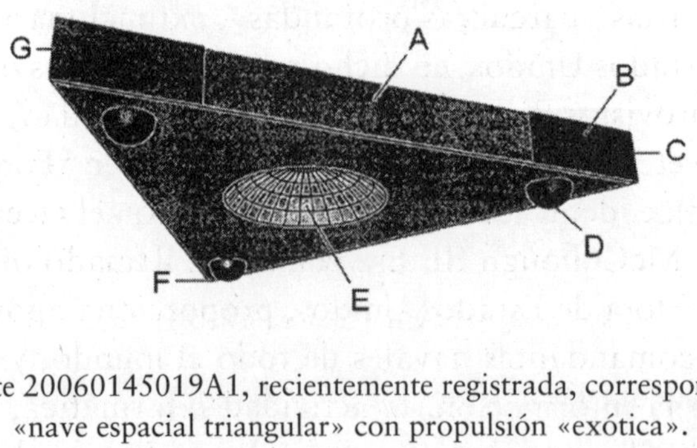

La patente 20060145019A1, recientemente registrada, corresponde a una «nave espacial triangular» con propulsión «exótica».

El objetivo principal de dicha unidad operativa de vuelo secreta sería proteger nuestro planeta de incursiones de vehículos alienígenas desconocidos, conducidos por entidades no humanas con las cuales —a diferencia que con otros— los gobiernos terrestres no habrían firmado ningún tipo de acuerdo.

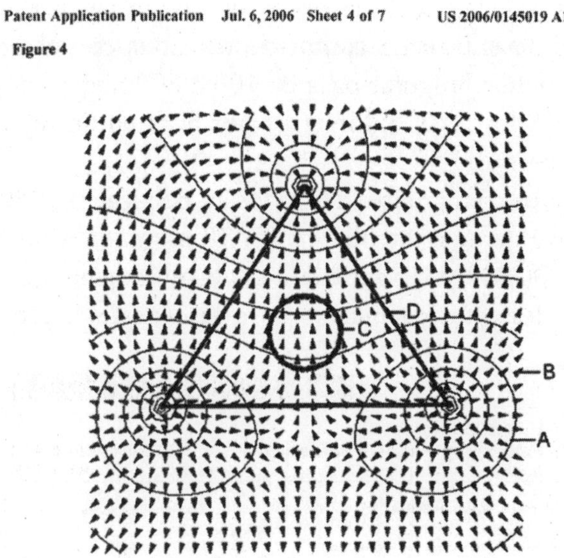

Líneas de fuerza relativas al flujo de energía que se debería desarrollar en la patente 20060145019A1.

Según varias «gargantas profundas», exfuncionarios de Defensa de Estados Unidos, en dicho país estos grupos operativos secretos, provistos de transbordadores antigravedad, los dirige la US Fleet Cyber Command, con base en Fort Meade (Maryland), e identifican a su comandante con el vicealmirante Bernard J. McCullough III. Ese comando, llamado oficialmente Décima Flota de Estados Unidos, proporciona apoyo operativo a los comandantes navales de todo el mundo, y es un soporte para la información, la actividad informática, la guerra electrónica y las operaciones espaciales. Además, el comando tiene el control operativo de las informaciones encriptadas de la Marina y de las fuerzas especiales. Aunque resulte insólito que la Marina gestione las operaciones espaciales, el dato salió a la luz a partir de varias fuentes y lo confirmó parcialmente el difunto informante Michael Wolf. El nombre en código del grupo de comando secreto que opera en la Marina de Estados Unidos sería Cabal.

▾ Date Filed	Venue	Case Number	Title	Client	Role
2/17/2005	United States Patent and Trademark Office	11060037	Water energy generator	John Quincy St. Clair, San Juan, PR	Applicant
1/31/2005	United States Patent and Trademark Office	11048026	Magnetic monopole spacecraft	Clair, John Quincy St.	Applicant
12/1/2004	United States Patent and Trademark Office	11001217	Permanent magnet propulsion system	John Quincy St. Clair, San Juan, PR	Applicant
10/5/2004	United States Patent and Trademark Office	10958436	Electric dipole moment propulsion system	Clair, John Quincy St.	Applicant
10/2/2004	United States Patent and Trademark Office	10957391	Remote viewing amplifier	John Quincy St. Clair, San Juan, PR	Applicant
9/29/2004	United States Patent and Trademark Office	10953212	Full body teleportation system	Clair, John Quincy St.	Applicant
8/24/2004	United States Patent and Trademark Office	10925195	Internet accessible mail box system	Clair, John Quincy St.	Applicant
8/4/2004	United States Patent and Trademark Office	10912621	Electric dipole spacecraft	John Quincy St. Clair, San Juan, PR	Applicant
7/14/2004	United States Patent and Trademark Office	10890635	Walking through walls training system	John Quincy St. Clair, San Juan, PR	Applicant
2/21/2003	United States Patent and Trademark Office	10372556	Hyperspace energy generator	Clair, John Quincy St.	Applicant
2/21/2003	United States Patent and Trademark Office	10372557	Cavitating oil hyperspace energy generator	St.clair, John Quincy	Applicant
11/26/2002	United States Patent and Trademark Office	10304260	Hyperspace torque generator	Clair, John Quincy St.	Applicant
6/12/2002	United States Patent and Trademark Office	10170847	Rotor inductance propulsion system	Clair, John Quincy St.	Applicant
5/9/2002	United States Patent and Trademark Office	10142239	Electric dipole moment propulsion system	Clair, John Quincy St.	Applicant
5/9/2002	United States Patent and Trademark Office	10142582	Rotating electrostatic propulsion system	Clair, John Quincy St.	Applicant
5/9/2002	United States Patent and Trademark Office	10142583	Bobbin electromagnetic field propulsion vehicle	St.clair, John Quincy	Applicant
4/20/2002	United States Patent and Trademark Office	10127098	Magnetic vortex wormhole generator	St.clair, John Quincy	Applicant
8/19/1997	Illinois Central District Court	2:97-cv-02178-HAB-DGB	St Clair v. Laidlaw Waste System	John St Clair	Plaintiff

18 Rows Total

Serie de patentes exóticas presentadas entre 2002 y 2017 en Estados Unidos por el John St. Clair Hyperspace Research Institute.

El caso McKinnon

Estamos en el año 2000. En aquel entonces operaba en internet el técnico informático británico Gary McKinnon, apodado Solo, que pasará a la historia por haber sido uno de los mayores *hackers* conocidos. Aficionado a la ufología y programador brillante, está temporalmente sin empleo en su actividad de administrador de sistemas *(IT manager)*. Una noche de 2001, tras una preparación que había durado meses, realiza lo que se definirá como «el mayor ataque *hacker* a sistemas militares de la historia». Entre 2001 y 2002, McKinnon consigue entrar en 97 servidores del Gobierno estadounidense, entre ellos, los de la NASA, la US Army, el Departamento de Defensa (DoD), la Fuerza Aérea, la Marina y el Pentágono.

El informático Gary McKinnon.

El *hacker* sufre hace tiempo el síndrome de Asperger, una enfermedad emparentada con el autismo cuyas causas hoy siguen siendo desconocidas, que suele considerarse una forma del espectro autista «de alto funcionamiento». Quienes padecen este síndrome ven seriamente comprometida su interacción social, aunque no sufren retrasos en el desarrollo del lenguaje ni desórdenes cognitivos, pero sí trastornos de la atención y comportamientos repetitivos y obsesivo-compulsivos, y tienen unos intereses muy limitados. McKinnon es, pues, un individuo muy peculiar, que siente una gran pasión por la ufología desde la infancia y vive con la sospecha de que se oculta algo a propósito. Gracias a su habilidad para entrar en los servidores de todo el planeta, va encontrando pruebas que refuerzan sus teorías hasta formular la hipótesis de que la NASA oculta de manera sistemática información sobre formas de vida alienígena que están en contacto con la Tierra. La confirmación es indirectamente proporcionada por el testimonio de Donna Hare, una científica de la sección fotográfica de la NASA con acceso al nivel *top secret* de las imágenes tomadas en el espacio. Hare reconoció que había visto una serie de fotos originales tomadas desde satélites con imágenes de objetos desconocidos y afirmó que dichas instantáneas se modificaban y retocaban antes de hacerlas públicas. La científica desarrollaba su actividad en el Centro Espacial Johnson, y McKinnon concentraba su ataque en los servidores de esa sección. En una especie de competición con otros *hackers* que intentaban entrar en el servidor, utilizó para lograrlo un *script* en lenguaje Perl cuyo fin es dar con la contraseña aprovechando las de *default* que aún están activas, y, gracias a un programa de acceso remoto, tomó el control de la red y los servidores atacados. Así, aunque, en realidad, se encontrara a miles de kilómetros de distancia, era como si estuviese sentado ante el terminal del Centro Espacial Johnson. Entonces empezó a rastrear los distintos servidores de la sección hasta dar con algo extraordinario y, mientras descargaba los datos, vio abrirse en el escritorio una página de texto y, a continuación, alguien tecleó tres palabras inequívocas: «¿TÚ QUIÉN ERES?». Inmediatamente se dio cuenta de que algo había salido mal a causa de un error al calcular la diferencia horaria, o porque creía que a aquella hora no habría nadie en el edificio. Desgraciadamente para él, en ese momento, un operador de la NASA estaba sentado ante el teclado y observaba todos sus movimientos. Y MacKinnon, para evitar ser identificado, declaró ser un operador de la Nipponet Security que estaba investigando las descargas no autorizadas procedentes de ese terminal, pero la excusa no funcionó, y tras una larga serie de investigaciones, en marzo de 2002, la policía inglesa lo detuvo en su piso de Londres. En un principio, detectaron al *hacker* en la red telemática y lo detuvieron amparándose en la ley de abusos informáticos de la National Hi-Tech Crime Unit (NHTCU) del Reino Unido en 2002.

McKinnon se opuso a la extradición argumentando que debían juzgarlo en el Reino Unido, el país donde había cometido sus «crímenes», y no en el territorio de Estados Unidos.

Quedó en libertad condicional, lo cual incluía la obligación de firmar todas las tardes en la comisaría de policía de su localidad de residencia y de quedarse en su domicilio por la noche. Además, tenía prohibido utilizar ordenadores con acceso a internet.

En 2005, Estados Unidos abrió el proceso de extradición de McKinnon y pidió 70 años de cárcel por unos daños estimados entre 450.000 y 700.000 dólares. La audiencia para la extradición se celebró el 10 de mayo de 2006 en el Tribunal de Magistrados de Bow Street. El 4 de julio de 2006, el ministro John Reid decidió conceder la extradición «por crímenes relacionados con la piratería informática». En una audiencia del 12 de abril de 2006, la acusación había presentado una nota no firmada de la Embajada estadounidense que pretendía garantizar que a McKinnon no lo procesarían según la ley marcial estadounidense (13 de noviembre de 2001-66 Fed. Reg. 57.833 Military Order), según la cual la justicia militar puede juzgar a los sospechosos terroristas. La defensa objetó que la nota no tenía firma y, por tanto, no era vinculante, y llamó como testigo a Clive Stafford Smith, un letrado estadounidense que defiende a los recluidos en Guantánamo. Stafford Smith afirmó que la nota no evitaría a McKinnon el tratamiento de terrorista. El caso se aplazó hasta el 10 de mayo. Según la ley inglesa de extradición de 2003, para una solicitud norteamericana no se requiere que la acusación presente pruebas.

El 30 de julio de 2009, la Cámara de los Lores dio vía libre a la extradición a Estados Unidos de Gary McKinnon.

En 2012, las precarias condiciones de salud debidas al estrés por el proceso que siguió a las vicisitudes judiciales llevaron a McKinnon a sufrir una disociación y una crisis psicológica. Le pesaba, sobre todo, el miedo a que lo trataran como a un terrorista y lo encerrasen en la prisión militar de Guantánamo.

El 16 de octubre de 2012, Theresa May, en aquel entonces ministra del Interior y luego primera ministra del Reino Unido, rechazó la solicitud a causa de las precarias condiciones físicas del *hacker* escocés de cuarenta y seis años, que hoy sigue a la espera de juicio. Huelga decir que McKinnon está considerado una de las mayores mentes informáticas de todos los tiempos.

El *hacker* justificó su gesto sosteniendo que su motivación era encontrar una prueba de la existencia de los ovnis y dijo saber a ciencia cierta que los militares norteamericanos estaban en posesión de la tecnología antigravedad y que el Gobierno de Estados Unidos intentaba suprimir la difusión de los conocimientos sobre la *free energy*, la «energía libre».

En 2015, McKinnon declarará en una entrevista para el programa de la BBC *Click Programme:*

Entrevista de la BBC

Antes has mencionado a Donna Hare y a su colega implicado en el hecho de borrar los ovnis de las imágenes externas de la NASA. ¿Esto, presuntamente, ocurrió en el edificio número 8 del Centro Espacial Johnson?
Así es.

Y tuviste acceso a su sistema informático. Cuéntame, ¿qué encontraste?
Como Donna Hare dijo que era el edificio número 8, cuando tecleas «netstat-an» en la interfaz de la línea, Windows tiene una función que enumera todos los equipos en línea. Hay un campo de comando y la NASA lo utiliza para la información estándar del ordenador. Hay datos fundamentales: el número de serie, etcétera. Encontrar usuarios habilitados resultó sorprendentemente fácil, sorprendentemente fácil... Y, de pronto, el escaneo se detuvo con unos 355 terminales... En la línea del edificio 8... y entonces... ¿dónde estaban? Solo hay equipos con

la contraseña de administrador en blanco, como si cuando crearon la red hubieran utilizado una imagen (de sistema) y hubieran borrado las imágenes de cada equipo. Todos y cada uno de los equipos tenían la contraseña del administrador vacía. Y el administrador te da el control total... Era algo ridículo. En el edificio del Centro Social Johnson encontré los archivos de las carpetas llamadas «En bruto», «Filtradas», «No filtradas», «Procesadas» y «No procesadas». Estos archivos eran unos doscientos megabytes transformados en cincuenta megabytes en un formato propiedad de la NASA. Y esos eran los tiempos de la conexión *dial-up* (módem) a cincuenta y seis kilobytes. Yo no podía descargarlos en cinco minutos, así es que tenía que encontrar un sistema de descarga más rápido. Me hice con el control remoto del escritorio utilizando un programa llamado Remotely Anywhere. Al hacer doble clic sobre la imagen, se activó el *software* propietario y... ahí estaba la fotografía, pero no podía descargarla, porque la conexión era lenta. Entonces la cerré para bajar la escala cromática a cuatro bits de color y empezó a descargarse muy despacio en la pantalla, como si fuera una aplicación Java de la época. Yo solo veía la mitad o tres cuartos de la imagen, en la que había medio hemisferio de un planeta... Creo que era la Tierra, porque era azul, con nubes. Y luego había una típica forma de cigarro sin nada en el exterior, que recordaba un producto humano, un objeto construido por el ser humano. Tenía cúpulas geodésicas arriba y abajo, a la derecha y a la izquierda, una en el centro, una en este lado y una en el lado opuesto. Algunas personas dicen que no puede ser, que no tiene las características de un objeto fabricado por la mano del hombre. El caso es que fluía completamente y no había tuberías; aparte de las cúpulas, era una superficie completamente lisa. Vi que alguien más estaba moviendo el ratón, cliqué a la derecha sobre un icono y nos desconectó a los dos. ¡Y se acabó!

Cuando viste esa foto en concreto, ¿luego te detuvieron?
Sí.

Otro descubrimiento de McKinnon fue un archivo del Pentágono que contenía una lista de nombres de oficiales del Comando Espacial de Estados Unidos y sus traslados de una nave a otra. La hipótesis es que se trataba de naves desplazadas fuera de nuestro planeta. Entre las naves indicadas, Gary McKinnon recuerda haber visto dos nombres en particular: la USSS LeMay y la USSS Hillenkoetter. USSS significa United States Space Ships, mientras que los nombres LeMay y Hillenkoetter son elecciones singulares.

Hillenkoetter fue el primer director de la CIA y miembro del comité nacional de investigación de fenómenos aéreos. En 1960 escribió una carta al Congreso en la que afirmaba: «Los altos funcionarios de la Fuerza Aérea están seriamente preocupados por los ovnis». Fue su última declaración pública sobre el tema. Son famosas dos declaraciones suyas: «Los objetos no identificados actúan bajo control inteligente... Es imperativo que sepamos de dónde vienen los ovnis y cuál es su objetivo» y «El ridículo secretismo oficial ha impulsado a creer a muchos ciudadanos que los objetos voladores desconocidos no tienen ningún sentido» (27 de febrero de 1960, *New York Times*).

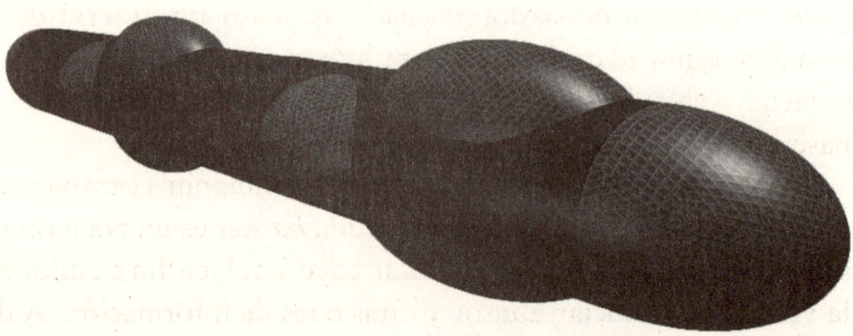

Hipotética reconstrucción digital en 3D de la astronave que vio McKinnon.

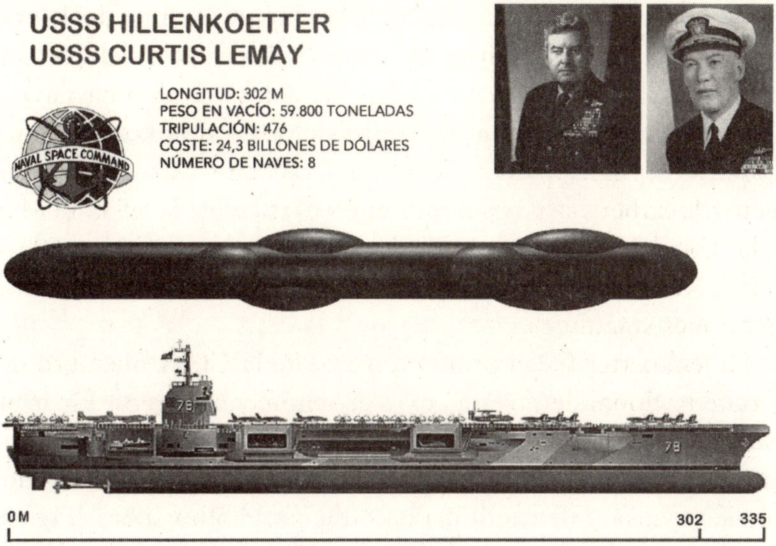

Las dimensiones de la USSS Hillenkoetter comparadas con el portaaviones Gerald R. Ford.
En la parte superior izquierda, el escudo del Naval Space Command; en el centro, el general LeMay; a la derecha, el almirante Hillenkoetter.

El general LeMay está considerado el responsable de la ocultación por mandato de Washington del aterrizaje de varias astronaves en territorio estadounidense. Lo acusó un general de la aviación según el cual existía una sala secreta *(blue room)* que contenía vehículos extraterrestres y se encontraba cerca de la base aérea de Ohio.

Otros *hackers* han declarado que continuarán el trabajo de McKinnon. Recordemos que la filosofía *hacker* es un poco rara y se basa en una ética muy particular cuyo «noble» fin es difundir la verdad y denunciar abusos y omisiones de información. A diferencia de los llamados *lamers,* que pretenden saber sobre técnicas de intrusión que ni siquiera conocen, y de los *crackers,* que irrumpen en los sistemas solo por el gusto de hacer daño, los *hackers* tienen su ética y su «código de honor», que les impone no dañar los sistemas y limitarse a curiosear y a recoger datos.

Ahora bien, cuando encuentran actividades o documentos comprometidos y perjudiciales para la población, su obligación es «divulgar» la documentación sustraída como castigo a las personas corruptas y malvadas. En esta filosofía se inspira el conocido periodista, programador y activista australiano Julian Paul Assange, famoso, sobre todo, por su colaboración en el sitio web WikiLeaks, del que es cofundador y redactor jefe. Recordemos que WikiLeaks se caracterizó por difundir documentos estadounidenses confidenciales que sacaron a la luz toda la corrupción y las actividades paralelas no declaradas oficialmente por el Gobierno estadounidense. Por eso, Assange ha estado confinado en la Embajada de Ecuador en Londres bajo acusaciones muy graves y con el peligro de ser detenido y finalmente extraditado a Estados Unidos. El 4 de enero de 2021, la jueza de distrito Vanessa Baraitser falló en contra de la solicitud de extradición de Estados Unidos y afirmó que hacerlo sería «opresivo» debido a la preocupación sobre la salud mental y el riesgo de suicidio de Assange. El 6 de enero de 2021, a Assange se le negó la libertad bajo fianza, en espera de una apelación de Estados Unidos. El 10 de diciembre de 2021, el Tribunal Superior de Londres dictaminó que Assange podía ser extraditado a Estados Unidos para enfrentar los cargos. Assange ha estado confinado en la prisión de máxima seguridad de Belmarsh en Londres desde abril de 2019. El 24 de enero de 2022, Julian Assange ganó el derecho de solicitar a la Corte Suprema que bloqueara su extradición a Estados Unidos. El Tribunal Superior dictaminó que su derecho era discutible y que, quizá, los jueces de la Corte Suprema lo podrían considerar. Assange no tiene garantía de una audiencia a pesar de poder presentar una petición a la Corte Suprema. En abril de 2022, un juez británico aprobó formalmente la extradición de Julian Assange a Estados Unidos para enfrentar cargos de espionaje. El ministro del Interior británico está a cargo de la decisión, aunque el fundador de WikiLeaks todavía tiene vías legales de apelación. Solo el tiempo dirá si será extraditado o no. En todo el mundo, su extradición se considera un regalo para los regímenes secretos y opresores.

Entre los cientos de miles de documentos sustraídos y publicados, en particular señalamos un correo electrónico que el conocido astronauta Edgar Mitchell envió a John Podesta y que fue interceptado por WikiLeaks. En este mensaje, Mitchell dice a Podesta que los alienígenas no tolerarán la militarización del espacio, ni una guerra (nuclear) en la Tierra o en el espacio. Según Mitchell, los alienígenas están aquí para ayudarnos a desarrollar la energía del punto cero *(free energy)* y propone un protocolo de desarme, sobre todo, para el espacio, que ha creado él y del que hay que hablar con las otras naciones. Es interesante ver cómo firma Mitchell este correo:

> **Edgar D. Mitchell, ScD**
> **Apollo 14 astronaut**
> **6th man to walk on the Moon**
> **Zero Point Energy Consultant**

Detengámonos en la última línea. La energía del punto cero o energía extraída de una fractura en el equilibrio energético cuántico es una vieja conocida en la que se basan los estudios de Maiorana y también el «rayo de la muerte» o disgregador selectivo que construyó Marconi.

Tanto secretismo y tanto perseguir a los *hackers* implicados en un proceso de «revelación» por parte del Gobierno estadounidense es anómalo y sospechoso. Por un lado, Hillary Clinton y un estrecho colaborador suyo, el propio John Podesta, declararon que divulgarían la verdad sobre los ovnis si los elegían para ocupar la Casa Blanca. Por otro, cada vez aprietan más las clavijas a los *hackers* que intentan buscar información y la divulgan, grupo al que pertenece el propio Podesta. ¿Dónde está la verdad? Parafraseando la expresión «donde el corazón te lleve», podríamos decir: «Donde los que divulgan información te lleven».

Y hay más.

El 2 de mayo de 2013, durante un encuentro importante sobre los ovnis organizado en el Círculo de Prensa de Washington, la Citizen Hearing on Disclosure (Audiencia Pública sobre Revelaciones), el presidente de la comisión parlamentaria estadounidense, el senador Mike Gravel de Alaska, que estuvo escuchando durante una semana a 40 expertos mundiales de 10 países hablando del fenómeno ovni (en aquella ocasión, yo era el representante de Italia), hizo por sorpresa unas declaraciones inesperadas.

El senador de Estados Unidos Mike Gravel.

El senador (a quien tuve el honor de conocer) afirmó literalmente: «Tenemos una fuerza militar del espacio, y está activa». La referencia a Estados Unidos es evidente.

El caso es que en Estados Unidos la afirmación no sorprendió a todo el mundo. Hay indicios concretos de la existencia de un programa espacial oculto, paralelo al de la NASA, que contaría con vehículos y tecnologías secretísimos realizados, según algunos, mediante programas en la sombra surgidos de procesos de ingeniería inversa alienígena.

Dicho de otro modo, el control de la exploración espacial del sistema solar estaría en manos de los militares del Pentágono y no de la NASA. ¿Es posible?

Recordemos que en el pasado causaron sensación en los medios las declaraciones del presidente de Estados Unidos George

Bush sobre la voluntad de prohibir el acceso al espacio a los enemigos de su país. De hecho, tales declaraciones constituyen en síntesis extrema el resumen del documento «Política nacional del espacio», publicado en una oscura página web del Gobierno estadounidense durante el fin de semana que coincidió con el Día de Colón para evitar que los medios de información se ocuparan mucho del tema, pero el *Washington Post* publicó enseguida un resumen del texto.

Con ese documento, la Administración Bush pretendía revisar la política espacial con el fin de que Estados Unidos pudiera «realizar sin obstáculos operaciones en el espacio para defender sus propios intereses». Estados Unidos «responderá a las interferencias y, si es necesario, negará a los adversarios el uso de capacidades espaciales hostiles a los intereses nacionales de Estados Unidos».

Según el documento, el secretario (o ministro) de Defensa y el director de inteligencia (es decir, el jefe de la CIA) son los encargados de «apoyar la transformación de la defensa y la inteligencia», y de desarrollar «una estructura de fuerza operativa y capacidades espaciales optimizadas que sustenten la seguridad nacional». Además, las diez páginas del documento solo incluyen un párrafo con referencias a la NASA, a la que reconocen la función de «realizar un programa viable a largo plazo para explorar el espacio con seres humanos y robots».

A pesar de que fuentes de la Casa Blanca aseguran que no desean emprender una carrera hacia la militarización del espacio, muchos expertos declararon que no estaban convencidos de la naturaleza pacífica de tal iniciativa.

Así, las declaraciones del senador Mike Gravel confirmarían la existencia de una fuerza de combate espacial dirigida, sobre todo, por el North American Aerospace Defense Command (NORAD, Mando Norteamericano de Defensa Aeroespacial) y el Space Command (gestión que corresponde a la Marina de Estados Unidos).

Por su parte, Gary McKinnon afirmó: «Hay astronaves grandes como portaaviones que operan en el espacio».

En cuanto a sus acciones de jaqueo de las webs de Defensa de Estados Unidos, McKinnon dijo: «Encontré una foto en alta definición de un objeto de grandes dimensiones en forma de cigarro sobre el hemisferio sur de la Tierra. Me impresionó tanto la foto que en ese momento no pude guardarla. El tamaño del archivo era tan grande que era difícil verlo en la carpeta "Mi PC". Al final, perdí la conexión, y la foto...».

Y eso no es todo. Más adelante, cuando McKinnon volvió a tener acceso a los archivos confidenciales del Space Command, descubrió más cosas.

McKinnon lo cuenta todo en una larga entrevista en vídeo sobre los ovnis para el canal RichPlanet TV: «Utilicé un programa llamado LandSearch para localizar todos los archivos y carpetas. Y allí encontré documentos, en particular una hoja de Excel. Concretamente, encontré una hoja de cálculo de Excel donde mencionaban a "oficiales no terrestres"... Aparecía exactamente así en el título del archivo. Eso no significa que se trate de hombrecillos verdes. Yo creo que se refiere a que sus bases no se encuentran aquí, en la Tierra».

Durante la famosa entrevista en RichPlanet TV, McKinnon habló en profundidad de lo que había encontrado exactamente cuando «pinchó» los ordenadores de la Marina y de la NASA.

Afirma que había 25 líneas llenas de detalles sobre oficiales de rango, con sus nombres y las unidades o naves a las que pertenecían. Según McKinnon, la «flota espacial secreta» está formada por unidades espaciales de guerra precedidas por las siglas USS, al igual que todas las naves de Estados Unidos, solo que se trata de naves espaciales.

Además de lo anterior, McKinnon sostiene que encontró la indicación «traslado de equipo», es decir, de una unidad a otra (no está claro si se refiere a personas o a materiales), y que hay hasta diez unidades espaciales de este tipo alrededor de la Tierra.

Esta flota estaría plenamente operativa y se ocultaría con gran celo a la sociedad actual. El gobierno en la sombra de Estados Unidos desacreditaría de manera sistemática a todo aquel que se permita mencionar ciertos archivos *top secret* de dicha flota espacial no declarada, hasta el punto de matar.

El ingeniero aeroespacial William Tompkins, actualmente jubilado, también habló de una flota espacial secreta actualmente operativa.

Según Tompkins, «miles y miles de personas reclutadas en la Marina de Estados Unidos forman una flota espacial dirigida por la US Navy, que incluye la Fuerza Aérea, el Space Command y el Ejército. Miles de hombres y mujeres se han comprometido a guardar el secreto y a permanecer al menos veinte años en el espacio, en bases ultrasecretas. Estas personas han pasado exámenes y procesos de selección especiales y las han sometido a lavados de cerebro para evitar que hablen con sus familiares y amigos. Nadie debe saber que están a bordo de esa flota espacial, que se desplazan de la Tierra a la Luna, y a Marte, en bases secretas. El plan es colonizar otros planetas».

¿Fantasías?

El 11 de junio de 1985, el entonces presidente de Estados Unidos Ronald Reagan aludió a una flota espacial altamente clasificada en sus diarios, donde afirmó que «la capacidad de nuestro transbordador espacial es tal que ahora mismo podríamos poner en órbita a 300 personas». Seguro que no se refería al Space Shuttle, actualmente no operativo, que transportaba una tripulación de siete astronautas como máximo. A lo largo de los años, una impresionante sucesión de informadores y expertos aeronáuticos han revelado detalles de varias tecnologías avanzadas para los vuelos antigravedad. Si los comentarios de Reagan y los testimonios del resto de los informadores son correctos, la sede operativa de dicha flota espacial secreta con propulsión antigravedad sería el comando estratégico estadounidense, el Strategic Air Command.

Estos rumores circularon en decenas de círculos militares y procedían de informadores de empresas privadas: el Strategic Command es uno de los diez centros de mando del Ejército de Estados Unidos y controla una flota de astronaves antigravedad del tamaño de un portaaviones. Estados Unidos había estructurado sus fuerzas militares para establecer un solo mando; estas fuerzas estaban divididas en diez comandos, cada uno bajo la responsabilidad de un general o un almirante con cuatro estrellas que respondía directamente ante el secretario de Defensa. Seis de ellos tenían el cometido de gestionar y monitorizar todas las regiones geográficas del globo. Además, había cuatro comandos operativos para las actividades militares especializadas orquestadas por un único comando de combate. De 1985 a 2002, el Comando Espacial era responsable de las operaciones militares en el espacio. En junio de 2002, se fusionó con el Comando Estratégico, responsable de las actividades espaciales, como la gestión de satélites, misiles, instalaciones nucleares y misiones de inteligencia. El rumor de que Estados Unidos tenía una flota de naves antigravedad ultrasecretas circuló durante varios años. El 23 de marzo de 1993, en una reunión con ingenieros que se celebró en Los Ángeles, el doctor Ben Rich, exdirector ejecutivo de investigación avanzada de Lockheed, mostró una foto de un disco negro en movimiento hacia el espacio y afirmó: «Ahora tenemos la tecnología necesaria para llevar a casa a los ET».

Según estas «gargantas profundas», el nombre en clave de esta flota espacial secreta sería Solar Warden (Guardián del Sol). La existencia de dicha flota no declarada, de confirmarse, demostraría que el programa entero de la NASA no sería más que una tapadera efectuada con tecnologías anticuadas, caracterizadas por la propulsión de cohetes. El programa futurista Constellation, cuyo fin es llevar astronautas a la Luna y a Marte, también sería una tapadera para que el público se acostumbre poco a poco a un programa espacial preexistente, que desde hace tiempo efectuaría con regularidad misiones interplanetarias utilizando avanzadas tecnologías antigravedad.

La primera referencia a Solar Warden data de marzo de 2006. Según los administradores del Open Minds Forum, una fuente de confianza reveló su existencia y capacidad. Luego causaron sensación las revelaciones que incluían los mensajes de un exfuncionario del Gobierno que firma como Anonymous Coward, publicadas en el foro <www.godlikeproductions.com>:

> Todos los programas espaciales oficiales son una tapadera para engañar a la gente. Tenemos una flota espacial antigravedad, cuyo nombre en clave es Solar Warden. Desde 2005 teníamos ocho naves grandes como portaaviones y cuarenta y tres Protector, que, en realidad, son cazas espaciales. Una de las aeronaves quedó destrozada hace poco en un accidente que ocurrió en órbita, alrededor de Marte, mientras intentaba reabastecer la colonia humana en el planeta rojo. Esta base la fundaron en 1964 unos estadounidenses y unos soviéticos que trabajaban juntos. No todo es lo que parece. Hemos visitado todos los planetas de nuestro sistema solar desde distancias orbitales, a excepción de Mercurio (excesivamente cálido por estar tan cerca del Sol). Aterrizamos en Plutón y en otras lunas del sistema solar. En estas naves hay personal de muchos países y todos han jurado fidelidad y secretismo al Gobierno mundial que dirige el grupo Bilderberg. La tecnología que permitió construir esta flota se basa en la ingeniería inversa de los vehículos alienígenas que cayeron y, a veces, en la ayuda de algunos alienígenas.

¿Pura fantasía? Es posible.

No obstante, un informe del 13 de diciembre de 2004 confirmaría la increíble información de Anonymous Coward:

> Los comentarios crípticos de los demócratas en el Senado acerca de un importante programa espacial financiado en el ejercicio fiscal de 2005 generan mucha controversia. Un informe de inteligencia, emitido durante una conferencia, se refiere a algún tipo de

> operaciones secretas en el espacio que se realizan desde hace años, aunque sean desconocidas para el gran público, dicen los analistas. Los senadores Jay Rockefeller IV, de la Comisión de Inteligencia del Senado, y Ron Wyden criticaron el programa sin nombrarlo el 8 de diciembre, durante el debate sobre el proyecto de ley fiscal de 2005 sobre la financiación de inteligencia.

Si existiera, el Solar Warden requeriría una tecnología mucho más avanzada que la que ahora utiliza el ejército en los campos de batalla. Según algunas especulaciones, la responsable del rápido desarrollo de ese tipo de sistemas sería una tecnología basada en la ingeniería inversa alienígena.

El astronauta Edgar Mitchell, el sexto hombre que puso los pies en la Luna, seguramente es una de las personas de perfil más alto que ha sostenido abiertamente la tesis de la existencia de alienígenas de visita en la Tierra. Ha hablado de ello en varias entrevistas, ha declarado que las civilizaciones extraterrestres se encuentran al otro lado de nuestro sistema solar, que han visitado la Tierra y que el Gobierno de Estados Unidos podría estar en posesión de tecnologías que son fruto de la ingeniería inversa alienígena.

«Sospecho que, a lo largo de los últimos sesenta años, se ha desarrollado una especie de ingeniería inversa que ha llevado a la creación de este tipo de armamento, que no es ni de lejos tan sofisticado como el de los extraterrestres», afirmó el doctor Mitchell en una entrevista para Kerrang! Radio el 23 de julio de 2008. Otra fuente que describe la flota Solar Warden es otro informador anónimo, conocido como Henry Deacon, que trabajaría en los laboratorios Lawrence Livermore en calidad de físico.

La verdadera identidad de Deacon es conocida por los creadores de la web Project Camelot, que han comprobado sus credenciales, y afirman que «Henry confirma la existencia de una gran base con trabajadores humanos en Marte, levantada por una flota espacial alternativa cuyo nombre en clave es Solar Warden».

Si es cierto que la flota Solar Warden ha construido una colonia en Marte empleando sistemas de propulsión antigravedad, ello explicaría por qué la investigación sobre antigravedad se convirtió en información altamente clasificada a mediados de los años cincuenta. Y también explicaría por qué a los investigadores civiles, que en parte crearon con éxito tecnologías antigravedad, les pusieron tantos obstáculos, como ocurrió con el norteamericano Otis Carr en 1961. Sin duda, quien dio más credibilidad a la historia del proyecto Solar Warden fue Laura Magdalene Eisenhower, bisnieta del expresidente de Estados Unidos. Ella afirma que su bisabuelo, como se venía diciendo desde hacía tiempo, se habría reunido dos veces con delegaciones de colaboradores alienígenas en los años cincuenta, y que conocía desde tiempo atrás la existencia de una colonia en Marte y otros proyectos secretos de la NASA.

Estas astronaves nodrizas de la flota terrestre Solar Warden tendrían 200 metros de longitud (para comparar, recordemos que un portaaviones suele medir 300 metros) y podrían transportar unas 2.000 personas en cada viaje. Llegarían con un vuelo rápido a la Luna o a Marte, donde ya habrían instalado sus bases hace tiempo. Se trataría de una flota espacial con naves antigravedad, operativa desde hace al menos cuarenta años, tal vez más.

De ser cierto que personas de distintos países en colaboración con visitantes alienígenas cooperaban desde los años sesenta para construir una flota espacial humana, la emisión en 1966 del primer episodio de *Star Trek* sería algo realmente insólito, casi un «anuncio» a la población camuflado detrás de una serie. Además, recordemos que el actor Leonard Nimoy, que interpretaba a Spock, escribió en su autobiografía que, en 1966, había en el plató agentes del Gobierno que sugerían al director cómo debía comportarse su personaje vulcaniano para ser «realista».

Por otra parte, en la serie *Stargate* se afirma que el Gobierno de Estados Unidos habría entrado en posesión de tecnología alienígena y que, con el tiempo, creó una pequeña flota compuesta por seis grandes astronaves nodrizas: la Prometheus, la Daedalus, la Odyssey, la Apolo, la Koroliov (pilotada por personal ruso) y la Sun Tzu (con pilotos chinos).

A esta flota se sumarían varios cazas antigravedad que podían viajar por el espacio, denominados X-301 y F-302.

Lo sé, no es más que ciencia ficción.

Y, sin embargo, algunos detalles dan mucho que pensar: la Metro-Goldwyn-Mayer, que produjo nueve temporadas de la serie *Stargate,* normalmente pide a los guionistas que escriban antes la trama de los episodios y luego la manda a la Fuerza Aérea y al Cuerpo de Marines de Estados Unidos, cuyos «expertos» leen los guiones y dan el visto bueno al rodaje.

La cuestión es qué tipo de información deben repasar la Fuerza Aérea y los marines.

Durante un encuentro que presidía el almirante Gary Roughead, este relevante miembro de la cúpula de las operaciones navales estadounidenses dijo que la Tenth Fleet, la Décima Flota de Estados Unidos, necesitaría 40.000 hombres más. Ello sin incluir a los 14.000 destinados a la división de ciberguerra que trabajan en Fort Meade.

¿Y qué pasa en Rusia, el país que conquistó el espacio con el Sputnik y con Yuri Gagarin, cuyos astronautas tienen el récord de permanencia en órbita?

En el ámbito militar de la Unión Soviética, las Fuerzas Aeroespaciales rusas (Vozdushno Kosmicheskie Sily, VKS) se fundaron el 10 de agosto de 1982 como una rama separada de las Fuerzas Armadas soviéticas. Dicho estatus se ratificó el 7 de mayo de 1992, cuando el cuerpo entró a formar parte oficialmente de las fuerzas militares de la recién creada Federación Rusa.

En 1997, en el marco de una de las numerosas reorganizaciones del Ejército ruso, las VKS se incorporaron a las Fuerzas Estratégicas de Misiles.

El 1 de junio de 2001, tras la enésima reorganización, se reconstituyeron oficialmente como sección independiente de las Fuerzas Armadas rusas.

El 1 de agosto de 2015 fueron absorbidas, junto a las Fuerzas Aéreas, por las Fuerzas Aeroespaciales.

Las funciones de las VKS incluyen: alarma de misiles; defensa ABM; creación, desarrollo, mantenimiento y control de la órbita de los objetos espaciales.

En realidad, la unidad principal de las Fuerzas Aeroespaciales militares rusas es el III Ejército de Defensa Espacial de Misiles, que incluye tres divisiones y gestiona gran parte de las estructuras. Dicha unidad se sirve de la División de Alerta, la División de Defensa Antimisiles y la XLV División Espacial, que se encarga de vigilar el espacio exterior, y en particular de identificar satélites artificiales y determinar sus respectivas órbitas.

Tras el colapso de la Unión Soviética, salió a la luz un importante dosier oficial del KGB (el servicio secreto soviético) sobre los ovnis (en ruso, *neoposnanie lyetayusciye obyekti,* NLO) que demuestra la realidad tecnológica y extraterrestre del persistente fenómeno.

En 2012, el mundo presenció el clamoroso «fuera de micrófono» televisivo del presidente ruso Dmitri Medvédev sobre el que cualquier tipo de comentario resultaría superfluo.

Se rumorea que sobre ciertos temas existen dosieres muy voluminosos con el título «SECRETÍSIMO» que contienen todos los secretos del mundo y que usted lo sabe absolutamente todo. Por ejemplo, si han venido a la Tierra extraterrestres, los llamados «hombrecillos verdes».

Pues mire, se lo diré a usted por primera y última vez. Junto a la cartera con los códigos nucleares, al presidente de la nación —es decir, de Rusia— le entregan una carpeta especial con el título «SECRETÍSIMO». Es una carpeta enteramente dedicada a los extraterrestres que han visitado nuestro planeta. Al mismo tiempo, se adjunta un INFORME totalmente confidencial reservado a la sección de los servicios secretos que se ocupa de la presencia de extraterrestres en nuestro país. Esas dos carpetas de documentos se entregan junto con la «cartera nuclear». Cuando termina el mandato, dichas carpetas pasan al nuevo presidente. Si quiere más información sobre el tema, vea el famoso documental de la televisión rusa *Hombres de negro.**

* El documental no tiene nada que ver con la película hollywoodiense del mismo título. *(N. del A.)*

¿Cuántos extraterrestres hay entre nosotros?
No le puedo decir cuántos hay entre nosotros, porque podría desatar el pánico...

Y eso es todo.

Sin embargo, dos eventos importantes tuvieron lugar en Estados Unidos entre 2019 y 2021: el nacimiento formal de la Fuerza Espacial de Estados Unidos, el 20 diciembre 2019 y la admisión de la realidad del fenómeno OVNI por parte del Pentágono, el 25 de junio 2021.

La Fuerza Espacial de Estados Unidos: USSF (en inglés, United States Space Force) es la rama del servicio espacial de las Fuerzas Armadas de Estados Unidos, y uno de los ocho servicios uniformados. Inicialmente formada como Comando Espacial de la Fuerza Aérea, el 1 de septiembre de 1982, la Fuerza Espacial se estableció como una rama militar independiente el 20 de diciembre de 2019, con la firma de la Ley de la Fuerza Espacial de Estados Unidos, parte de la Ley de Autorización de Defensa Nacional para 2020.

La Fuerza Espacial de Estados Unidos está organizada como una rama del servicio militar dentro del Departamento de la Fuerza Aérea, uno de los tres departamentos militares del Departamento de Defensa. La Fuerza Espacial, a través del Departamento de la Fuerza Aérea, está encabezada por el secretario de la Fuerza Aérea, quien reporta al secretario de Defensa, y es designado por el presidente con la confirmación del Senado.

En términos de recuento de personal, es el servicio armado estadounidense más pequeño dentro del Departamento de Defensa de Estados Unidos. La Fuerza Espacial consta de 2.501 personas y opera 77 naves espaciales, incluido el Boeing X-37B y el Sistema de Posicionamiento Global (GPS).

El jefe militar de la Fuerza Espacial es el jefe de operaciones espaciales (CSO). Este, a su vez, es el oficial de mayor rango de la Fuerza Espacial, a menos que un oficial de la Fuerza Espacial se desempeñe como presidente o vicepresidente del Estado Mayor Conjunto. El jefe de operaciones espaciales supervisa las unidades de la Fuerza Espacial y se desempeña como uno de los jefes de Estado Mayor Conjunto. Las fuerzas operativas de la Fuerza Espacial están asignadas a los comandos combatientes unificados, predominantemente al Comando Espacial de Estados Unidos.

Tras la formalización del nacimiento de una Fuerza Espacial bajo la presidencia de Trump, Estados Unidos podrá, por tanto, justificar con ella la existencia de cualquier posible vehículo avanzado construido en secreto en el pasado a través de operaciones de ingeniería inversa —como sugieren muchas pistas— estudiando la tecnología de los vehículos accidentados que no se construyen en Estados Unidos (y quizá ni siquiera en otros países del mundo). Como consecuencia los prototipos futuristas mantenidos ocultos hasta ahora podrán hacer su aparición sin tener que ocultarlos más. Y en el futuro podemos tener algunas sorpresas, sin excluir la posibilidad de que surja la realidad de un programa espacial secreto no de naturaleza científica, sino militar. Un programa «paralelo» y oculto que podría existir ya desde hace algún tiempo.

Y en 2021 la admisión de la existencia real de los OVNIs como un fenómeno tecnológico avanzado de origen desconocido, pero entendido como una amenaza potencial, sin duda, se convierte en complementario con el nacimiento de la Fuerza Espacial de Estados Unidos.

En conclusión, analizando los argumentos citados, cuyas fuentes proceden mayoritariamente de expertos, militares, inteligencia e investigadores, podemos afirmar:

a) El fenómeno ovni posee una naturaleza inteligente y tecnológica avanzada, ajena a nuestro mundo. Esto es lo que al final el Pentágono, contradiciéndose a sí mismo, declaró oficialmente el 25 de junio de 2021.
b) Las grandes potencias son conscientes de ello y temen que produzca un efecto anárquico, devastador en la población, que, sin duda, desmontaría los contextos culturales, sociales, religiosos y políticos tradicionales, de manera que guardan

silencio y ocultan desde hace setenta años la realidad, esto es, la presencia continua de extraterrestres entre nosotros.

c) El desarrollo tecnológico más reciente se debe, en parte, al contacto directo o indirecto (y siempre oculto) con criaturas y tecnologías alienígenas.

d) En parte por este motivo, pero también por las inversiones acumuladas en las últimas siete décadas, las grandes potencias y Estados Unidos, en particular, disponen de una tecnología mucho más avanzada de lo que comúnmente se cree, pues esta no se declara ni se comparte.

e) En Estados Unidos, aunque no solo allí, existen *black budgets* («presupuestos negros»), al margen de las dotaciones que el Congreso presenta a la luz del día, creados para afrontar esta cuestión sin tener que responder de ello ante una opinión pública que, si estuviera al corriente, tal vez no aceptaría verse sometida a los poderes tradicionales.

f) Existen realidades avanzadas ocultas, no declaradas y desconocidas para el público, que están completamente «separadas» del resto del mundo (el estadounidense Richard Dolan las llama *breakaway civilizations*) y son controladas por las élites científico-tecnológicas actuales y del poder transnacional que pretenden controlar el mundo.

g) El profesor Haim Eshed, alternativamente romanizado como Chaim Eshed, es profesor invitado de Aeronáutica y Astronáutica en varias instituciones de investigación de tecnología espacial. General de brigada retirado de la inteligencia militar israelí, Eshed fue director de programas espaciales del Ministerio de Defensa de Israel durante casi 30 años. Es expresidente del Comité Espacial del Consejo Nacional de Investigación y Desarrollo del Ministerio de Ciencia, Tecnología y Espacio y miembro del comité directivo de la Agencia Espacial de Israel. Eshed es responsable del lanzamiento de 20 satélites fabricados en Israel, y lo citan a menudo como el padre del programa espacial de Israel. En 1967, Eshed recibió la Mención de Jefe de Estado Mayor, la más alta condecoración, sin haber participado en combate, otorgada por las FDI (Fuerzas de Defensa Israelí). A lo largo de su carrera, recibió tres veces el Premio de Defensa de Israel, el más alto honor de defensa civil del Estado de Israel, aunque el motivo sigue siendo clasificado. Eshed sirvió en la altamente secreta Unidad 81, que proporcionó soluciones tecnológicas a la Dirección de Inteligencia Militar de las FDI. Fue director espacial durante el lanzamiento en 2007 del satélite espía Ofek-7, que dijo ayudaría con «el problema iraní». Cuando se retiró en 2011, los medios israelíes lo describieron como el padre del programa de capacidades espaciales de Israel. Y en 2020, Eshed se destacó por promover una teoría de la conspiración sobre ovnis que afirmaba que los gobiernos del mundo estaban trabajando en secreto con extraterrestres. En diciembre de 2020, afirmó en una entrevista con el periódico nacional israelí *Yediot Aharonot* que el Gobierno de Estados Unidos había estado en contacto con vida extraterrestre durante años y había firmado acuerdos secretos con una «Federación Galáctica» para realizar experimentos en la Tierra, y que hay una base conjunta subterránea en Marte donde colaboran con astronautas estadounidenses. Los extraterrestres «nórdicos» habrían pedido el desarme nuclear para evitar la destrucción del hábitat de la Tierra, y esta solicitud habría sido rechazada por Washington. Los extraterrestres «grises» que se manifestaron posteriormente habrían proporcionado a Estados Unidos tecnologías avanzadas que luego también se utilizaron con fines militares. También afirmó que el presidente de Estados Unidos, Donald Trump, estaba al tanto de esto y estuvo «a punto» de informar a todos de su existencia, pero fue detenido por la «Federación Galáctica», que deseaba evitar la histeria masiva en la Tierra. Es inútil subrayar que las declaraciones de Eshed confirmarían el rumor de que el presidente Eisenhower tuvo dos reuniones con dos delegaciones diferentes de extraterrestres, la primera en 1954 en el Campo Aéreo Muroc de la USAF en California (hoy base de la Fuerza Aérea de Estados Unidos Edwards) con seres humanos extraterrestres «nórdicos» y el segundo en 1955 en la base Holloman de la Fuerza Aérea de Estados Unidos en Nuevo México con pequeños extraterrestres humanoides «grises». La entrevista, en hebreo, ganó fuerza después de que publicara partes en inglés en *The Jerusalem Post*. El libro es *The Universe Beyond the Horizon: Conversations with Professor Haim Eshed* escrito por el autor Hagar Yanai, publicado en noviembre de 2020. En el libro, Eshed confirma historias de cómo los extraterrestres previnieron posibles desastres nucleares.

Haim Eshed

Este escenario, para algunos increíble, encaja perfectamente con lo declarado por la bisnieta del presidente de Estados Unidos Dwight Eisenhower, Laura Magdalene Eisenhower que, sin embargo, es considerada por muchos americanos como una poco fiable teoría de la conspiración orientada a la «New Age».

Pero ¿qué tiene que ver una supuesta teoría de la conspiración con alguien con la fama y el calibre del profesor Eshed? Esta pregunta quizá tenga su respuesta, como me dijo hace varios años el difunto profesor Dino Dini, director del Departamento de Energética de la Universidad de Pisa. Poco después de jubilarse, declaró que la Tierra ha sido visitada y monitoreada durante mucho tiempo por seres extraterrestres extremadamente avanzados. Y que los americanos y los rusos lo saben perfectamente y guardan silencio.

Detallo la entrevista con el profesor Dino Dini

Usted ha trabajado en Italia con los comandos de la OTAN de Estados Unidos, que tiene una de sus bases más importantes en Camp Darby, cerca de Pisa, y por su función ha sido galardonado con la «Autorización al Secreto». Al jubilarse, usted seguramente habrá firmado un «compromiso de confidencialidad» sobre asuntos secretos y, posiblemente, haya mencionado alguno en declaraciones que usted ha hecho. ¿No cree —le pregunté—qué puede tener problemas por lo que dijo?

Pinotti, a mi edad y con mi experiencia, no entiendo por qué debo guardar silencio sobre algo que atañe a toda la humanidad. Dije las cosas como son: los extraterrestres están entre nosotros y nuestra apuesta por la astronáutica es posible, en parte, por la adquisición de tecnología no terrestre ¿Qué pueden hacerme los estadounidenses? Soy ciudadano italiano y no dependo de ellos. Se limitarán a evitar que mis declaraciones tengan eco mediático. Y, con la complicidad de los medios, lo conseguirán.

Y ahora viene lo bueno... Una última cuestión a nivel puramente personal. Hace tiempo, un *hacker* italiano muy bueno vino a verme y me mostró en su PC una serie de documentos que había descargado él mismo (como hizo McKinnon) tras una serie de intrusiones ilegales que había efectuado también en webs gubernamentales de Estados Unidos. Concretamente, se trataba de unas descripciones impresionantes y muy detalladas de patentes de aplicaciones tecnológicas revolucionarias, todas ellas caracterizadas por el hecho de ser presentadas y etiquetadas como «no divulgables» antes de determinadas fechas: 2035, 2050, 2070...

Por otra parte, en 2016, denunciaron al Sensitive Application Warning System (SAWS), el programa secreto estadounidense que bloquea los inventos sensibles. Gracias a la intervención de la Kilpatrick Townsend & Stockton, LLP, uno de los mejores despachos de abogados de Estados Unidos, especializado en IP y patentes (Google, Sony, Andrea Rossi, Brillouin Energy, Tom Darden IH son clientes suyos), todo el mundo conoce dicho programa a través del Freedom of Information Act (FOIA).

Concretamente, el SAWS lo gestionan funcionarios de United States Patent and Trademark Office (USPO), la Oficina de Patentes estadounidense, y paraliza o incluso deniega la aprobación de la patente de determinadas aplicaciones indeseadas. Según la federación de científicos de Estados Unidos, el SAWS paralizó o rechazó más de cinco mil inventos hasta 2014. Gracias a Steven Aftergood, director de dicha federación, sabemos, por ejemplo, que desde 1971 los generadores fotovoltaicos han sido objeto de restricción o rechazo de patentes si su eficiencia superaba el 20 por ciento, al igual que todos los sistemas de conversión energética que superaban el umbral del 70-80 por ciento.

Teniendo en cuenta ese *modus operandi* muy consolidado en Estados Unidos, así como las tecnologías avanzadas implicadas e indicadas en tales webs (fruto inequívoco de la repercusión de los estudios de ingeniería inversa alienígena referidos al tema de los ovnis) que aquí no voy a detallar, está claro que los referidos «vínculos cronológicos» asociados a tales patentes tienen como fin evitar repercusiones negativas no deseadas o la caída de la economía mundial a consecuencia de la introducción de nuevas aplicaciones tecnológicas que convertirían las actuales en algo anticuado y superado. El mencionado *hacker* quería que yo copiara los archivos citados; naturalmente, le di las gracias, pero no lo hice, pues quería evitar tener en mi poder más material «caliente», ya que, al encontrarme yo desde hace tiempo entre aquellos que «saben», me habría convertido en blanco obligado del Gobierno de Estados Unidos y el infame complejo militar e industrial (que ya denunció el presidente Eisenhower en 1960) que lo controla, y que aglutina a Wall Street, las multinacionales, las Siete Hermanas petroleras, los fabricantes de armas, el Pentágono y los organismos de inteligencia estadounidenses.

Y todo eso a pesar del Congreso, del Senado y de las elecciones presidenciales de Estados Unidos.

Qué más da...

BIBLIOGRAFÍA

AA. VV., *Atlante enciclopedico dello spazio,* A. Peruzzo, Milán, 1983.

AA. VV., *Enciclopedia dell'astronautica,* A. Peruzzo, Milán, 1984.

AA.VV., *Verso lo spazio,* A. Mondadori, Milán, 1984.

Bedini, D., y Pinotti, R., *Oltre la Terra,* A. Mondadori, Milán, 1989.

Cortesi, P., *Storia segreta dell'astronautica,* Scipioni, Valentano (Lacio), 1997.

Damato, M., *Un viaggio fra le stelle,* Curcio, Milán, 1977.

Gagarin, Y., y Lebedev, V., *Survival in space,* Praeger, Nueva York, 1969 [trad. cast.: *Psicología del cosmonauta,* Sílaba, Buenos Aires, 1968].

Galuppini, A., *Luna e NASA: il sogno proibito,* Noonbooks, Atenas, 2012.

Gatland, K. (ed.), *L'esplorazione dello spazio,* Istituto Geografico De Agostini, Novara, 1983 [trad. cast.: *Los inicios de la exploración del espacio,* Orbis, Barcelona, 1985].

Judica-Cordiglia, A. y G. B., *Voci dallo spazio,* Lice, Vicenza, 1971.

—, *Dossier Sputnik 1: ... Questo il mondo non lo saprà,* Mariogros, Turín, 2006.

—, *Dossier Sputnik 2: Banditi dello spazio,* Vitalità, Turín, 2010.

Kaysing, B., *Non siamo mai stati sulla Luna,* Cult Medianet, Roma, 1997.

McCall, R., y Asimov, I., *L'uomo nello spazio,* A. Mondadori, Milán, 1975.

Oberg J. E., *UFO & Outer Space Mysteries,* Donning, Norfolk (Virginia), 1982.

Ogliari, F., *Il libro dell'astronautica,* De Vecchi, Milán, 1972.

Pinotti, R., *UFO, visitatori da altrove,* Rizzoli, Milán, 1990 (reed. Bompiani, Milán, 1996 y 2001).

—, *UFO: Top Secret,* Bompiani, Milán, 1994.

Rene, R., *NASA Mooned America!,* autoedición, Passaic (Nueva Jersey), 1992.

Sofias, S., *Il mistero della Luna*, Noonbooks, Atenas, 2011.
Wolfe, T., *La stoffa giusta*, Frassinelli, Milán, 1984 [trad. cast.: *Lo que hay que tener (elegidos para la gloria)*, Anagrama, Barcelona, 2010].
Young, H., Silcock, B., y Dunn, P., *Il prezzo della Luna*, Garzanti, Milán, 1970 [trad. cast.: *Viaje al Mar de la Tranquilidad: historia del salto del hombre a la Luna*, Plaza & Janés, Barcelona, 1969].

ÍNDICE ONOMÁSTICO

A

ABM (misil antibalístico de defensa) 254
actividad extravehicular (EVA) 189, 190
Aftergood, Steven 262
Agencia Espacial Europea (ESA) 179, 188
Agencia Espacial Italiana (Agenzia Spaziale Italiana, ASI) 181
Aldrin, Buzz 17, 121, 124, 129, 131, 140, 142, 151
Amerika Rakete 157
Andrópov, Yuri 215
Angela, Piero 115, 116, 127, 128
Angelino, Pier Federico 63
Anonymous Coward 251
Apolo 75, 114, 116, 119, 123, 125, 127, 230, 231, 253
Apolo VII 139
Apolo VIII 132, 139, 145, 146
Apolo IX 132, 139
Apolo XI 17, 86, 113, 114, 115, 118, 124, 129, 131, 132, 140, 141, 149, 207
Apolo XIII 115, 118, 124, 129, 141, 199
Apolo XIV 115, 129, 142
Armstrong, Neil 17, 116, 118, 121, 126, 129, 131, 132, 140, 151, 191

Assange, Julian Paul, 244
Aurora 229, 231, 232

B

Baikonur 12, 23, 77, 78, 109, 164, 201, 224
Balandin, Aleksandr 201
BBC 240
Bean, Alan L. 141
Beliáyev, Pavel 53
Belokoniov, Aleksis 93, 100-105, 107, 111
Bert, Torre 9, 44, 46, 47, 49, 51, 52, 57, 61, 69, 85, 87, 93- 95, 98, 101, 103
Bignami, Giovanni 185-186
Bisach, Gianni 139
Black Knight 221-227
Blackbird 231-232
black budgets («presupuestos negros») 258
BMD (sistema de defensa contra misiles balísticos) 166
Bobrovski, Eduard 11, 82, 83
Bochum, centro de escucha 53-59, 64, 68, 70, 84, 94
Boeing 229, 256
Bolden, Charles 190
Borman, Frank 138-139
Bow Street, Tribunal de Magistrados 239
Braun, Wernher von 157, 192
Brézhnev, Leonid 25, 79, 82, 158
Brilliant Pebbles (*véase* BMD)
Broglio, Luigi 45, 175, 178-179, 181-182, 184, 188, 192-193
Burato, Livio 95, 97
Bush, George W. 158, 168, 247
Bykovski, Valeri 136

C

Cabal 236
Can we still trust NASA? 154
canción rusa (notas en fa menor recogidas por los Judica-Cordiglia) 52-53
Carpenter, Scott 134-135
Carr, Otis 253
Carrozza, Maria Chiara 190
Casa Blanca 39, 91, 158, 186, 215, 245, 248
Castro, Fidel 21, 27-28, 33
Centro de Investigación Aeroespacial de la Universidad de Roma 175
Centro Espacial Johnson 238, 240
Centro Espacial Kennedy 44, 75, 176, 180
Centro Espacial Luigi Broglio, de Malindi (Kenia) 193
Centro de Vuelo Espacial Goddard 144, 225
Centro Italiano de Investigaciones Aeroespaciales (CIRA) 187
Cerquetti, Claudio 115, 117, 118
Chaffee, Roger 75, 199
Challenger 75, 200, 207, 209, 212, 213
Chatelain, Maurice 144
Cheli, Maurizio 188
Chernenko, Konstantin 215
CIA (Central Intelligence Agency) 13, 106, 129, 242, 247
Citizen Hearing on Disclosure (Audiencia Pública sobre Revelaciones) 245
Click Programme 240
Clinton, Hillary 39, 41, 245
Collins, Mike 131, 139
colores falsos 215-216

Comisión de Inteligencia del Senado 252
Comitato Italiano per il Controllo delle Affermazioni sulle Pseudoscienze (CICAP) 115
Conrad, Charles 139, 141
Consejo Nacional de Investigación de Italia (CNR) 187
Control de Misiones de Houston 143
contraespionaje italiano 106
Cooper, Gordon 131, 135
Cortesi, Paolo 68-69, 83-84, 159, 161, 165
Cosmovici, Franco Batalli 181, 183
cover up (encubrimiento) 128
Cowley, Robert 16
Creola, Peter 205-207
Cuba, crisis de 158
Cunningham, Walter 139
Curiosity 217

D

Dassù, Marta 190
Décima Flota 235, 254
Defense Intelligence Agency (DIA) 129
Departamento de Defensa (DoD) 91, 128, 170, 232, 236, 256
Departamento de Estado 46, 106, 167
Disclosure Project 207, 245
Discoverer VIII 223
Dzhanibekov, Vladímir 200, 202, 204
Dobrovolski, Georgi75, 80-81, 199
Doglio, Sandro 68
Dogliotti, Achille Mario 63-64, 66-67, 94
Dogliotti, Giulio Cesare 65
Dolan, Richard 258

Dolgov, Pyotr 97, 101, 102, 107
Dong Xiwen 20, 32
Dubček, Alexander 18-19, 30, 82

E

Eisele, Donn 139
Eisenhower, Laura 253, 260
energía del punto cero 245
energía directa (*véase* sistema de defensa estratégica)
Excalibur (proyecto) 166
Explorer I 47-49
Explorer IV 160-161
Explorer VIII 52
Explorer XI 83

F

F-16 234
F-302 253
Falessi, Cesare 13, 124, 125
Finmeccanica, grupo 186
Fishbowl, programa 162
Freedom of Information Act (FOIA) 262
Forni, Luigi 56-57
Franqui, Carlos 21, 33
Fuerzas Aeroespaciales rusas (VKS) 254

G

Gagarin, Yuri Alekséievich 11-12, 23-25, 27-28, 68-69, 72-73, 78-85, 93., 100-101, 125, 202, 254
Gelmini, Mariastella 186
Géminis 43, 44-45, 136
Géminis IV 136, 137

Géminis V 143
Géminis VII 137, 139
Géminis X 139
Géminis XI 139, 141
Gerasimov, Aleksandr 163
Glenn, John 45, 134-135
Glinka, Mijaíl 53
Goddard, Robert 157
Goebbels, Joseph 21, 36
Goldanski, Vitali Iosifóvich 145
Gorbachov, Mijaíl 81, 215
Grachov, Alekséi 93, 99, 111
Gravel, Mike 246, 248
Greenbelt 144
Grissom, Virgil 43, 75, 127, 134, 199
Gromiko, Andréi 169
Guantánamo 239
Guarguaglini, Pier Francesco 186
Guerra de las Galaxias 157
Guerriero, Luciano 182-183
Guidoni, Umberto 188

H

Hacker 218, 236-239, 243, 261-262
Hare, Donna 237, 240
Hillenkoetter, Roscoe H. (almirante) 243
Hitler, Adolf 16, 21, 36, 157
Horizon (proyecto) 230
Houston, Walter 92
Hua Guofeng 20, 32
Hubble, telescopio espacial 216

Hynek, Josef Allen 130-131

I

Iliushin, Serguéi 82-83
Iliushin, Vladímir 11-12
Informe Warren 113

J

Jarvis, Gregory Bruce 208, 214
Jovanschina 53
Jrushchov, Nikita 24, 68, 158
Judica-Cordiglia, Achille 13, 43, 44-46, 48-54, 56, 60-61, 64, 65, 69-71, 85, 87, 93-98, 101-102, 104-106, 175
Judica-Cordiglia, Giovanni Battista 13, 43, 44-46, 48-54, 56, 60-61, 64, 65, 69-71, 85, 87, 93-98, 101-102, 104-106, 175
Judica-Cordiglia, Maria Teresa 101

K

Kachur, Iván 93, 99, 107, 111
Kaliningrado 78, 200, 202
Kaminski, Heinz 53, 56-59, 64, 94
Kapustin Yar 84, 163, 224
Kaysing, William Charles (Bill) 114-115, 117-121, 123-125, 127-129, 132, 149, 154
Kennedy, John Fitzgerald 113, 118, 126
Kenia 175-176, 193-195, 197-198
Keyhoe, Donald 221
KGB 28-29, 77, 105, 172, 255
Kilpatrick Townsend & Stockton LLP 262
Komarov, Vladímir 75, 80, 86, 88, 199
Koroliov, Serguéi Pávlovich 72, 79, 81, 164, 253
Krikaliov, Serguéi 76, 110

L

Laden, Osama bin 39
Laika 28, 85
Lawrence Livermore National Laboratory (LLNL) 166, 252
LeMay, Curtis 253
Leninsk, ciudad dormitorio de los astronautas 108-109
Leonov, Alekséi 53, 88, 103, 105
Letta, Enrico 190
Liberty Times 40
Liu Shaoqi 20, 32
Lockheed 160, 250
Lodovski, Aleksis 93, 101
long delayed echo 222
Lovell, James 118, 138-139, 199
Lunik III 50-51
Lunik IX 109
Liájov, Vladímir 200

M

Maiorana 245
Malerba, Franco 181-183, 188
Malindi 176-177, 193-196, 198
Mao Zedong 20-21, 31, 35
Marte 115, 155, 164-165, 181-182, 215-218, 229, 249-253, 259
May, Theresa 239
McAuliffe, Sharon Christa 76, 208, 214
McDivitt, James 136, 139
McKay, Chris 146
McKinnon, Gary 236-240, 242, 248-249, 261
McNair, Ronald 75, 208, 213
Medvédev, Dmitri 169, 255

Mercury 134-135, 199
Mezentsev, Yevgueni 77-81
Mir 76-77, 130, 201
MIRV 168
Mitchell, Edgar 133, 147-149, 191, 245, 252
módulo de aterrizaje 118-119, 217
Mohmand, Abdul Ahad 200
Molotov, Viacheslav 34
Morino, Francesco 63
Mubarak, Hosni 38
Mussorgski, Modest 53
Mussolini, Benito 21, 37

N

NASA 26, 44-46, 106, 113-155, 172, 177, 180-182, 184-185, 189-192, 205-219, 223, 229-263
NASA Mooned America! 120, 154
National Security Agency (NSA) 106
Naval Space Command, escudo del 243
Neliúbov, Grigori 80
neoposnanie lyetayusciye obyekti, NLO (objeto volador no identificado) 255
Nespoli, Paolo 188-189
New Strategic Arms Reduction Treaty (New START) 168
Nikoláyev, Andrián 12
Nimoy, Leonard 253
North American Aerospace Defense Command (NORAD) 26, 248
North American Rockwell 230
Norton Sound 160

O

Obama, Barack 39, 41, 169

Oberth, Hermann 157, 192
Oficina de Asuntos Espaciales (SSO) 205
Ogliari, Francesco 133, 142
Onizuka, Ellison S. 75, 208, 213
Open Minds Forum 251
Operación K 163
Opportunity 217
Organización Europea para la Investigación Espacial (ESRO) 225
Orwell, George 18, 21, 106
Orwoll, Chris 145
Ovni 131, 37, 147, 170-172, 206, 234, 246, 256-257
OTAN 179, 194, 225, 234, 261

P

Parentelli, Lidia 198
Parmitano, Luca 188-190
Patsaiev, Viktor Ivánovich 75, 80-81, 199
Pearson, Drew 93
Peckman, Jeff 205, 207
Pentágono 91, 148, 158, 170-171, 205, 236, 242, 246, 256-257, 263
Pinotti, Roberto 12-13, 173,194, 261
Podesta, John 245
Po Ku 35
Poljot II 104
Polyakov, Valeri 76
Popóvich, Pavel 88, 135
Profumo, Francesco 187
Project Blue Book 130
propulsion «exótica» 234
Pure and Applied Chemistry 145

Putin, Vladímir 28, 99, 168

R

R1 79

R2 79

R7 85

Reagan, Ronald 158, 208, 215, 249-250

Rene, Ralph 120, 154

Resnik, Judith Arlene 76, 208, 213

Restoration PAC 41

Rich, Ben 250

Rockefeller IV, Jay 252

Rogers, William P. 169

Rosetta 216

Roswell 147-148, 206

Roughead, Gary 254

Rohaní, Hasán 41

Russell, Bertrand 159

Ryumin, Valeri 76

S

Saenger, Eugene 54, 230

Saggese, Enrico 185-187, 189-190

San Marco 175-180, 192-193, 195, 196, 198

San Maurizio Canavese 101

Santa Rita 175-179, 192, 197

satélite fantasma 91

Schirra, Walter 135, 139

Schweickart, Russell 139

Scobee, Francis R. 75, 213

Scott, David 139

Semiónov, Nikolái Nikoláievich 145

Sensitive Application Warning System (SAWS) 261
Shagan, Sary 163
Shatalov, Vladímir 203
Shepard, Alan 142
Shiborin, Terenti 93, 106
Shonin, Georgi 78, 81
Sifar (contraespionaje italiano) 106
Simposio Mundial de Ovnis 190
Singh, Manmohan 41
Smith, Clive Stafford 239
Smith, Michael John 75, 208, 213
Smrkovský, Josef 18-19, 30
Sochi 72-73, 81
Solar Warden, proyecto 250-253
Solovyev, Anatoli 201
Soong Ching-ling 20
Soyuz 27, 75, 188, 189
Soyuz 1 80, 86, 199
Soyuz 2 86, 199
Soyuz 3 86
Soyuz 6 130
Soyuz 11 75, 80, 199
Soyuz 26 203
Soyuz 27 203
Soyuz 38 27
Soyuz TM-5 200
Soyuz TM-9 200-201
Space Command 243, 248-249
Space Shuttle 188, 207, 226, 229, 230, 249
space squid (calamar espacial) 145

SpaceX 229
Sputnik 51, 60-61, 67, 221, 254
Sputnik I 47-48
Sputnik II 28, 47-48, 85
Sputnik III 59, 67, 142
Sputnik V 85
Sputnik VI 69-70
Sputnik VII 68-70, 85
Squire, John Collings 15
SR-75 Penetrator 232
Stagno, Tito 115, 141
Stalin, Iósif 19, 21, 29, 34
Strakal, Dan 80
Strategic Air Command (SAC) 250
Strategic Defense Initiative (SDI) 158, 168
Strategic Offensive Reductions Treaty (SORT) 168
Strekalov, Gennadi 76, 130, 199
STS (programa del transbordador espacial) 188, 207-208, 214, 226

Svoboda, Ludvík 18-19, 30

T

Tamayo Mendez, Arnaldo 27
Taskent 202
TASS 12, 50, 61, 67, 78, 100, 104, 105, 136
Tchukin, Aleksandr 163
Telespazio 186
Teller, Edward 166
Tesla, Nikola 222
Thor 161-163
Titov, Guerman 27, 28, 79, 80, 82-84, 93, 100, 199

Tomason, Audrey 39
Tompkins, William 249
TR-3B 231, 233-234
Trotski, Lev 19, 29, 82
truco fotográfico 116, 126
Tyuratam 23, 224

U

U-2 92, 158
Unione Giornalisti Aerospaziali Italiani (UGAI) 13, 125, 188
Urbani, Giovanni Battista 182
US Navy 160, 222, 249
USSS Hillenkoetter 242-243
USSS LeMay 242

V

V1 79, 157
V2 79, 157
V4 157
Van Allen, cinturón de 159-162
Vanguard I 48, 158
Vergeltungswaffen 157
Viking 217
Villani, Silvano 43, 44, 46, 61, 101, 105,
Vittori, Roberto 188
Volkov, Vladislav 75, 80, 81, 199
Voroshilov, Kliment 34
Vostok I 68, 83, 85
Vostok II 12, 83
Vostok IV 135
Vostok V 136
Vostok VI 12, 99, 136

W

Wall Street 263
Wang Shaw-lan 40
White, Edward 75, 199
WikiLeaks 218-219, 244-245
Wolf, Michael 236
Wood, Lowell 166
Wyden, Ron 252

X

X-17A 160
X-301 253

Y

Yezhov, Nikolái 34
Young, John 43, 139, 140

Z

Zhu De 20
Zhou Enlai 20
Ziolkovski, Konstantin 157
Zavodovski, Gennadi 93, 100, 101, 111
Zvezdny Gorodok 27, 200, 201, 203

SOBRE EL AUTOR

Roberto Pinotti (Venecia, 1944), sociólogo, politólogo y periodista científico, ha sido investigador aeroespacial y consultor del Search for Extra Terrestrial Intelligence (SETI, el organismo de radioastronomía para la búsqueda de inteligencia extraterrestre). El público italiano lo conoce por sus importantes intervenciones en la radio y la televisión. Es director de las revistas de carácter técnico y científico *UFO* y *Archeomisteri*. En 1967 fundó el reconocido Centro Ufologico Nazionale (CUN) y es uno de los máximos expertos mundiales en ovnis, protohistoria y fenómenos insólitos para las instituciones políticas, militares, científicas y religiosas. Es miembro de varias academias científicas y desde 1993 organiza anualmente en San Marino el Simposio Mundial de Ovnis. Ha publicado, en Italia y en otros países, más de cincuenta obras divulgativas en colecciones populares de prestigio (como la BUR de Rizzoli o los Óscar de Mondadori). Muy presente en internet, su entrada de Wikipedia está redactada en varias lenguas además del italiano. Gran astrófilo, el Minor Planets Catalogue oficial le dedicó el asteroide Pinotti 12470-1997BC9, que descubrió el 13 de enero de 1997 la astrófila Maura Tombelli, del Gruppo Astrofili di Montelupo Fiorentino (Florencia), del cual Pinotti es socio fundador.

El autor con el «padre de la astronáutica», Hermann Oberth.